茅以升全集

MAOYISHENG QUANJI

【第4卷】

中国桥话（下）

◎北京茅以升科技教育基金会 主编

天津出版传媒集团
天津教育出版社
TIANJIN EDUCATION PRESS

图书在版编目（CIP）数据

中国桥话. 下 / 北京茅以升科技教育基金会主编
. -- 天津 : 天津教育出版社, 2015.12
（茅以升全集; 4）
ISBN 978-7-5309-7820-7

Ⅰ. ①中… Ⅱ. ①北… Ⅲ. ①桥—史料—中国—古代
Ⅳ. ①U44-092

中国版本图书馆CIP数据核字（2015）第191770号

茅以升全集 第4卷　中国桥话（下）

出 版 人	胡振泰
主　　编	北京茅以升科技教育基金会
选题策划	田　昕
责任编辑	田　昕　尹福友
装帧设计	郭亚非
出版发行	天津出版传媒集团 天津教育出版社 天津市和平区西康路35号　邮政编码　300051 http://www.tjeph.com.cn
经　　销	新华书店
印　　刷	北京雅昌艺术印刷有限公司
版　　次	2015年12月第1版
印　　次	2015年12月第1次印刷
规　　格	32开（880毫米×1230毫米）
字　　数	260千字
印　　张	13
印　　数	2000
定　　价	65.00元

索 引[1]

[1] 为方便读者查阅，《索引》统一了标题体例，并对标题中明显笔误之处做了注释。

① 应为“艺文”。

① 原文缺“第”字。

① 应为“山川”。
② 原文缺“考”字。

① 原文缺“考”字。

①② 原文缺“考”字。

① 原文缺“第”字。

① 原文缺“考”字。

① 应为“艺文”。

浙江嘉兴府部 135/60

嘉兴府关梁考 职方典第958卷 第135册（府县志合）

1/本府（嘉兴秀水二县附郭）164桥 135/60

宣公桥：相传为陆宣公所建，故名。宋张尧同诗：祇今荒草侵，功业故垂名。往来桥边客，今犹恨未平。

此外有：蓝饼、猪儿、照镜、花蠢、妙鉄、中正、竹丝、蔡中郎、乌篮、履鞋、孩儿、禅杖、孙师娘、熙春、天马、白苧、众怪、国界、牛桥等桥。（余略）

2/嘉善县37桥：吉祥、富民、界牌、孩儿、大云、御桥。（余略） 135/60

3/海盐县40桥 135/60

思鲁桥：在县西南30步，宋绍熙四年建。旧志云民思鲁公故名。

△兴严桥：在县西80步，宋绍熙四年建，在资圣寺前俗呼寺桥。

此外有：还珠、调羹、迁善、南平、鸳惠、人高、青琪城、孝悌、安仁、悦礼、翁姜等桥。（余略）

4/石门县31桥：司马高、乌鹊、同门、玉凉、思鲁等桥（余略）

5/平湖县26桥：三登、观行、师姑、汉异、通德、儒林、（余略）

6/桐乡县39桥：息林、观谷、妙智、同情、登俊、迭道、海月、兴德、兴福等桥（余略）

20×20=400（京文） 442

第　　页　　136/17—20

嘉兴府祠庙考　职方典第962卷　第136册

(本府、嘉兴秀水二县附郭)

霍王庙 ∴△在石佛寺北塘桥东。按吴王皓寝疾病，有神降小黄门曰，华亭金山咸塘风激潮涌，海水为患，匡汉之霍光，可立庙堂城，当统部属以镇之。翼日皓疾愈，遂立庙焉。三吴滨海皆庙祀之。136/17

(海盐县)鲁公祠 ∴△在县南思鲁桥之左，祀宋令鲁宗道。136/18

步公庙 ∴△在县南杨桥下，元大德三年建，祀吴令步骘，俗呼为步县官庙。136/18

(桐乡县)宗将军祠 ∴△在皂林镇秀溪桥，将军名礼，明嘉靖末御倭战死。136/18

(海盐县)尚胥庙 ∴△在县西北十里尚胥桥之北。县志晋钱约曰：吴人伤子胥之冤，通为立祠，今祠与桥名皆及其先尚，莫知所谓。136/18

(本府)会龙山寺 ∴△在城东会龙桥外，汉、魏二塘水之中央，排得元时建。…… 136/19

真如教寺 ∴△在城南四里，唐至德二年建——寺有云峰井……彩云桥……诸景。136/19

(海盐县)慈会寺 ∴△在县治西30步思鲁桥东，旧为圣帝祠，明天顺初请赐额今名。136/20

20×20=400（京文）　　443

136/26—35

第　　页

<u>嘉兴府古迹考</u>　职方典第964卷　第136册　（府志）

（本府）吕宗府：在城东天马桥北，有吕谔、吕询、吕许兄弟三人相继登进士。—　136/26

会景堂：在郡东南彪湖滨宋尚书潘师旦园中。旧为宋世宗柳氏庄，庄有南坞……白苧桥、渔溆十景，咸会于此，故名。　136/26

秀水：在北丽桥东，世传天和掌明，水泛五色。136/27

（嘉善县）赵善诵宅：△在照宁桥西，善诵宋宗室赵勒夫后，中有高卧亭、燕集亭俱废，巷今后巷犹以天水名。136/27

（海盐县）伯牙台：△在县东门外80步。台侧有闻琴村、闻琴桥。相传伯牙鼓琴于此，台址犹存。　136/28

方洲草堂：△在迁善巷，明张黄门宁号方洲别业。136/28

（本府）唐陆宣公贽墓：△在城东36里感化乡都新丰镇后，墓前有桥名陆贽坟桥。……—　136/29

<u>嘉兴府艺文</u>　职方典第966卷　第136册

槜李亭（诗）　（宋）郑獬　136/34

遊汾湖（诗）　（元）陆堂　136/35

初至槜李（诗）　（元）释克新　136/35

殳山隐居夏日二首（之一）（诗）　（明）贝琼　〃　〃

六桥晴市（诗）　（明）李东阳　〃　〃

20×20=400（京文）

444

136/35—38

第　　页

嘉兴晚发别陈子常(诗)　　(明)田汝成　　136/35

嘉兴府纪事　　职方典　第966卷　　第136册

(旧府志)秀水水西禅寺旧名资圣，以唐宣宗为光王时，避武宗害，祝发为沙门……由是迎归即位，敕水西为资圣禅寺。……寺旧有大中裴相休祠，今废，独御书阁、爽溪楼、迴龙桥、爽溪桥犹存故址云。136/37

(旧志)(元)至正丙申，张士诚称天祐三年，国号大周，侵嘉兴。总管陈宗义不能御，同知李侯集义勇，筑寨堑濠，屯于迴秀桥东南官塘之西。……　136/37

(旧志)(元)至正间镇民张巨山赀雄一乡，生子巨森，年十八，喑不能言。一日有僧募造去福桥，巨山绐曰，问吾子。僧即呼之，巨森忽应曰，此桥吾家独成。巨山喜，乃捐赀造桥，名曰去瘖。巨森自此遂能言。

(石门县志)鲍宣、鲍惠、胡士澄、弟堂并以勇力闻，亦死于倭。嘉靖癸丑四月二日倭船泊演武场海岸，衙帅率兵御之。宣手抱一倭与俱死；士澄以火药焚其船，亦与倭称八大王者俱烬。余倭走矮婆桥，堂追之，手枭一倭，与惠及数倭血战良久，伏发咸死。惠之丧，身挺立若起乱状。鲍惠亦云舒惠。时战死者十八人，名姓失记。　136/38

20×20=400(京文)

445

浙江湖州府部　　　　136/41—49

第　　　　页

湖州府山川考　职方典第967/968卷　第136册（通志、府县志合）

（本府、乌程、归安二县附郭）仁王山：在县西北九里，一名凤凰山，秦始皇以为山出天子之谣，凿其颈为河，其首名楼山，中筑楼楼之。　136/41

霅溪：即仪凤桥下水，晋咸和中都督郗鉴开。136/43

（长兴县）长桥山：在县南40里和平镇，山口有桥。136/44

钱家岭：在县东南22里，自吕山湾达尹村桥。136/45

白雀岭：在县东南25里，由石山桥达乌程。136/45

湖州府关梁考　职方典第969卷　第136册（府县志合）

1/本府179桥　136/49—50

√骆驼桥：在府治东南，跨霅溪，唐初建，以其形崇穹故名。又名迎春。明万历元年重修。

√仪凤桥：在府治西南，跨苕溪，唐仪凤间建，因名。宋天禧三年知县高慎交重建。垂栋雕栏，与骆驼桥华焕相望，绍兴间改甃以石。

长桥：在府治东南，当通衢前，自唐有之。亦名伏龙桥，又名东骆驼桥，后废。宋政和中知州李援建，以木为之，以其父常字此，名曰甘棠。庆元末郡人易木以石，筑墩于中流，析桥为二，南曰甘棠，北

（京文）　20×20=400

20×20=400（京文）

446

仍名長橋，二橋之中曰浮漚墩。明天順四年知府岳璿重建。

人依橋：府治東运河上。唐元和中刺史辛祕建，以集商为市故名，后名花樓橋。昔人嘗議以橋，今从之。

金橋：一名採蘋橋。其南旧有墮釵橋，云有女子行橋上，偶墮釵，下橋覓之，遇仙人授長生術，女子后尸解去。

斜橋：駱駝橋北塊亭，水出子城濠向形斜，崔敦禮消暑詩云：樓簾对斜橋。

沈尚書橋：尚書沈介建，故名。

△太平橋：橋下有庵名太平勝境。

△潮音橋：在慈感寺前，旧为渡，西岸皆有渡亭。

鎖苕橋：在東门，苕水自南来，至此一鎖，北入霅溪，故名。

德新橋：即旧館橋，在旧館。明正统间里人陈孟還重建，有亭于上。

此外有：望州、眺谷、楚帝、西四、墮釵、报本、死英、游仙、宝积、百名、蝦蟆、練、妖嚴、墨宗、含山、迴径、聖祀、東老等橋。（余略）

136/50-57

2/長興县56桥 136/50

○飞桥：在县谯楼前，一名飞仙桥，相传葛仙翁在此飞升。

平政桥：在县治南，云即程民桥，宋邑令袁旦名广利桥，嘉祐七年叶棐重造，改今名。元以长兴为州，故至今呼州桥。

霁龍桥：在便民仓前，一名仓桥。明嘉靖间知县归有光创造。

生身桥：李王生身处。

此外有：百家、神武门、长安门、紫金、红星、午山、马鞍、道德高、湖桥、涧振、清仙、薰香甘桥。(余略)

3/德清县13桥：峻明、龟迴、三登、状元、万庆(余略) 136/50

4/武康县15桥：千金、桂枝、云谷、秋桥、乌程。(余略)……

5/安吉州30桥：齐云、白云、仕婴、聖堂、安康(余略) 136/50

○白雲桥：秦桧父敏为主簿所造，初名秦公桥，后更今名，恶桧以及其父也。

6/孝丰县11桥：白慕、浣子、龍王、结绳、挿虹、天打(余略) 136/50

湖州府祠庙考 职方典第971卷 第136册

(長興县)餘不亭侯庙：在县东清门桥南，祀晋车骑将军餘不亭侯孔愉。 136/57

20×20=400（京文）

448

137/3—12

湖州府古迹考 联方典第972卷 第137册 (通.府志合)

(本府)赵孟頫故宅 在甘棠桥南。 137/3

鱼腊楼 在仪凤桥南堍东,宋岁贡鱼腊于此楼,修制,今其地名为鱼楼界。 137/3

(德清县)吴羌亭 在阜安桥之右。 " "

停仙楼 在新市镇通仙桥右,跨河而建。上有晋丹元真人陆修静像。旧传月夜或闻仙乐泠然之声。137/3

湖州府艺文 联方典第974卷 第137册

镇云楼(诗) (唐)杜牧

碧山寺(诗) (宋)冠准 137/9

竞市街(记) (元)杨维桢 " "

梅溪春涨(诗) (明)凌说 137/10

湖州府纪事 联方典第974卷 第137册

(通志)徐清宋淳熙间有钱三翁,衣袖垂素,暂不作席者50年,俗呼布袖翁。时邑中建阜安桥,属主其事……一揽之得银二锭,以充桥费。人始异其为仙。137/11

湖州府杂录 (西吴枝乘)吴兴桥头鳊为海内佳味;东门外之蔚桥与之齐名,土人称大头菜、小头鱼云。德清长桥虞蝗,然味不及南中远甚。…… 137/12

20×20=400(京文)

44.9

浙江寧波府部　　　　137/19—21

第　　　　　頁

寧波府关梁攷　　职方典第976/977卷　　第137册　　（府志）

1/ 本府（鄞县附郭）341桥　　　　137/19-21

尚書桥：以宋尚書江大猷名，后明尚書张时徹居之。

慈母桥：一名纯孝桥，因地有董孝子祠故名。

東津浮桥：在县治東灵桥门外，跨鄞江。唐长庆三年刺史应彪置，凡16舟，亘板其上，長55丈，阔一丈四尺。

詹官墳桥：在县东28里龍山之北，内有学士詹明发墓，故名。

元貞桥：在县西南40里许，元元貞年创造。

此外有：开明、迴途、跟珠、傲紫、生姜、望蛤、霓桥、水月、行香、御書、新排、江心、伴食、採蓮、捧花、饭行、醋锦、水仙、均奢、延磔、问字、褒绣、项戴、林鲚鱼、贺都监、東郢、雷公、皈碶、姜皇后、秋波、賣簾、采芭、撒火、大象、惠卿、徒先、百果、像鎧、下伞、賣麵、朱郎中、解秧、汇头、袁打車、流花、千丈镜、郎继螺、三俗、夕阳、周大鼻、馬驚仲夏、大卿、金版茸桥。（余略）

2/ 慈谿县104桥　　　　137/21

驄馬桥：在县南，旧名御史桥，唐开元26年造。

20×20=400（京文）　　　　450

137/21-22

第　二　頁

東郭桥：在县东郭门内，桥首有石门一座曰新路。

碧沚、野航二桥：俱东西，有咏春熙光二门，在县北慈湖中。

V官庄桥：在县东南12里，旧以木为之。明永乐二年僧汝节跨石为一洞。水势湍悍每多溃圮。明天顺间乡民袁赞跨延为三洞。

○鲍郎桥△在县东北27里，五代宋鲍侍中约居此。俗讹呼白药桥。

○王桥：在县西八里，宋高宗被金兵追至此，土人拔桥浮渡海，因有拔桥巷，俗呼廿相桥。

V王子桥：在县西十里，相传后汉王修之子建，俗呼下王桥。

学士桥：△宋学士舒亶居此。

无择桥：因唐孝子张无择名。

○卧林桥：在县西北58里，宋黄震卧其上读书，故名。俗呼泥桥。

此外有：大京、青箕、湖湫、破流、夹田、德屿、长石、往峯、汉亭、江埠、谷堂、三过、王三郎、火炉、洞桥、滑石。(鄞县)

3/奉化县90桥　　137/22

庆丰桥：在县东二里，一名谢凤桥，南宋之嘉

20×20=400（京文）

451

中里，又名東桥。

新桥：跨县溪上，初为石埠，或霖潦湖长不可涉。宋嘉定中叠石为柱，前锐后平，以杀水势，覆以石板，往来称便。

惠政桥：在县東四里，一名善胜桥，又名通判桥。宋乾道中建，后圮，大德中架木为梁，覆以屋，改今名。

仁济桥：在县東三里新妇湖上，名新妇湖桥，又名放生湖桥。宋绍兴中建，覆以屋，后圮，邑人汪伋重修。

广济桥：即南涨桥。宋建隆中僧印铨建土桥，邑人徐章易以木，屡建复圮。绍兴初，邑人汪伋以石甃两崖，立石柱，布板为梁，覆以屋。元至元中毁，主簿虞寰龍重建，翼以南北二亭。明洪武中县丞秦铠重修。

光德桥：在县北50里，俗名江口桥，長23丈，广二尺，旧为洪水所圮。绍兴三年李氏重修，汪伋甃其级，通水九道，上覆屋26楹，王时会记。元至元间毁，19年李以奎甘立石重修，盖屋21间。明洪武、正统、正德间屡建修之。

跨江桥：在县北25里。成化初守张璞命李存

137/22–23

识募缘建，凡24间，北接鄞境，俗呼李桥等。

古方桥：在县北40里，明成化、嘉靖间皆重修。万历间令顾宗孟阅邑科钱重修。邑人郑鸣雷捐赀修完，今名太平桥。

√熙迎桥：在县东50里，宋嘉庆间僧熙迎创，因名。

此外有：陶缘、量印、款湙、步辕、名贤、砚涧、长清、七洞、胜因、种善、文绣、席散、文明、锦绣、义让、春通、关斗、出芝、门镗等桥。（余略）

4/宁海县134桥 137/23

○状元桥：宋绍熙三年令王阮创建，于石栏刻云人从石上行，状元此中出。遂以状元名桥。明初张信以状元及第，符其言。

此外有：横带、西泅、大有、四方、酒库、高春、顺道、练官、大名洋、闸祖、太公、新耳、解门、陈画等桥（余略）

5/象山县37桥 137/23

√长乐桥：在县治东，宋景定三年建，明嘉靖初道人王日朝重建。

永安桥：在县治西，跨凤溪西镇玉带，一邑风水之关。

南济桥：在县南门外，邑人周希程捨田一丘

453

137/23—27

桥迭河桥，以为民便。

新桥：在县南四里，明正统间建。后因湍水迅急，舟行艰阻，明嘉靖29年邑人王正朝更为二洞，民便之。

凤桥：在县东北30里，有仙岩金峰之胜。隐者章仕常凤于此，因名。

太平桥：在县东北40里。明洪武三年、四年倭寇犯境，千户易绍宗鏖战于此被害，其妇易李为题可就此造桥，号曰太平。

欧阳桥：在县西40里，旧名儒雅溪桥。明成化间重修，适同知欧阳烨过此，因名。

南关桥：在县南90里，侍郎俞士吉出使日本，于此发舟，因名南关桥。正德间义官王玉重建。

此外有：象山、绿野、凤跃、火烧、芝桥等桥。（余姚）

宁波府祠庙考　职方典第978卷　第137册　（府志）

（本府）石将军庙：在府西九里望春桥，祀宋石守信。相传建炎间，高宗幸明州，金人追之。高桥之战，忽见阴雾昼晦，见神兵被野，有大旗前导，号曰石将军。俄而金人奔骇，为杨沂中所败，高宗得幽道入

454

137/27—45

海，故立庙祀之。 137/27

平政祠 在宁桥西畔。明万历间知府蔡贵易有功德于浮桥，其后任张文奇踵成之。郡人感其泽，建祠江浒。 137/27

灵桥庙 在府治西北一里灵桥旁，祀五行之神。 137/28

张循王庙 在府西40里高桥西。相传宋张俊随高宗至明州高桥东，筑土垒，装万牛弩以乐金人，败之。后封循王，谥忠烈，立祠祀之。 137/28

石桥庙 在城西南40里慈江之南。宋南渡时有节度使潘迪者，扈驾至宁，遂卜居于此，殁而祀之。 137/28

宁波府艺文　职方典第982卷　第137册

月湖记（文）　（宋）舒亶　137/63

宁波府杂录　职方典第982卷　第137册

（府志）古鄮城相传在鄮山者非也，乃在贸山，在东钱湖东，故其时名湖为西湖。盖在鄮山者即当之东湖矣，何得谓之西郭。近生员丘绪、屠叔麟、沈明臣偕往审之，遗迹种种；若登鄮山者所称故城者，掘土验之皆浮土，绝无瓦甓砖石之类，则非城址可知。 137/45

20×20=400（京文）

455

浙江绍兴府部　　　　　　　　　　　　　　　　137/49—56

第　　　　　页

绍兴府山川考　职方典，第982卷　第137册　（府志）

（本府、山阴会稽二县附郭）

古博岭：在府西南45里群峰叠嶂中，有一径南达枫桥，上诸暨界，旷寂稀人烟，往往虎豹据之，俗讹为虎博岭云。137/49

王右军墨池：△在府城西南25里兰亭桥东。137/51

平水：在府城东南35里，镜湖所受36源之水，平水其一也。水南有村、市、桥、渡，皆以平水名。137/51

（萧山县）连山：在县西20里，长阔九里，旧经秦始皇欲置石桥渡浙江，今石柱数十列于江际。寺有小山号石井山。其井上广下曲，东烧西入，不尽数十级，相传谓蛇子墓。137/52

（余姚县）梅澳湖：即烛溪湖航渡西南之一曲，此与烛溪湖通……一线水实自北倒流而南入航渡桥，波涛汹涌中高起一带如脊，常冲坠桥石一二块，亦大异也。八景所云梅澳归龙即此是也。……137/54

（上虞县）玉带溪：在县城中，纳南山诸涧之水，环绕若带，北出锡桥，下入运河。137/56

20×20=400（京文）

456

浙江绍兴府部　　138/1

第　　　　页

绍兴府关梁考　职方典第987/988卷　第138册　（府.县志合）

1/本府（山阴会稽二县附郭）204桥　　138/1-3

府城内府桥：在镇东阁东。宝庆志云，旧以砖甃不坚久，郡守汪纲乃尽易以石，桥既宽广，翕然成市。

○凤仪桥：在府南百余步，俗呼[illegible]来桥，以近司狱司故名。

○拜王桥：在府西南狮子街。旧传钱王镠平董昌，郡人拜谒于此。又名登瀛桥。

○北海桥：在府西北二里，俗传唐李邕寓居之地。

普安桥：在府西北新河。冯氏居于河之北，筑圃于河之南，筑桥以通往来。

⊗江桥：在府东北二里，宋江彪所居之地。今郡人以为江文通故居非也。

○草貌桥：在府东北，旧传此地在州城外，俗谓征税之所为貌，以此在郊，故名草貌。

○题扇桥：在蕺山下。晋书王羲之传：尝在蕺山见一老姥持六角竹扇卖之，羲之书其扇各五字，姥初有愠色，因谓姥曰，但言是王右军书，以求百钱，姥如其言，人竞买之。他日姥又持扇来，羲之笑而不答。华镇考古云，旧桥在解愠坊。

20×20=400（京文）

457

138/1

状元桥：在府东南四里许，宋时詹骙所居里也。

都亭桥：在礼逊坊。越绝书：秦始皇东游之会稽，以甲戌到大越，舍都亭，都亭之名始此。宋有废井，传云蓟子训卖药之所。

大夫桥：在东郭，唐俊吉秘所居里也。

望花桥：在府学旁，其地多菊花为此，盖宋时始。

锺离桥：在府南二里，汉锺离意遗迹。

仰食桥：与覆盆桥相望，中小桥曰望郎桥，在府东南三里许。相传先朱买臣出妻遗处。然买臣是吴人，今姑录志并载之。大抵越中所传买臣事多由会稽字傅会。

斜桥：在府東北三里，其旁多客邸，四明舟楫所集。

广宁桥：在都泗门内。漕河至此颇广，桥上正见城南诸山。宋绍兴中韩有功復为士子领袖，暑月多与诸生纳凉桥上。有功没，其徒朱袭封元宗作诗怀之。明隆庆中渐圮，华严寺僧性贤募缘重修。

镜水桥：在府東四里许，宋赵处士仲微所居。

鲁墟桥：在府城西北15里。南为漕河，北抵水乡如三山、青泽、南庄之属，又北後为漕河，漕河之北复为水乡，渺然抵海，谓之九水乡，盖大泽也。

20×20=400（京文）

458

兰亭桥：在府城西南25里，晋王右军修禊处。桥下细石浅濑，水声昼夜不绝，跨桥为金晖亭。

十老桥：在县西南15里，昔老者十人共此，故名。

虹桥：在县十里，宋理宗少时浴于此，故又名浴龙桥。

高桥：在县西北25里运河塘上，桥最高故名。

夏履桥：在县西南80里，夏禹治水遗履于此，故名。

兴安桥：在县西北25里，乡人祁前兴造，功未就而卒，其子子安继之而成，以其父子之名名桥云。

文应桥：在县七里，俗传朱买臣读书于此，后封文应侯，故名。

金仙桥：在县西65里，明国寺之旁，宋祁国公杜衍所居。

七贤桥：在县西南20里，葛洪虞光栖隐处，梅福隐处，方干游寓处，吕祖谦读书处，胡致堂、胡五峰住处。

状元桥：旧名王家桥，在城南五里，因明状元张元忭故名。

春波桥：在千秋观前，取贺知章春风不改旧时波之句。

五云桥：在府城东26里，有亭扁曰"溪山亭"，旧跨溪，今在平陆矣。

云门桥：△在若耶溪南，桥东百余步又有小石桥，架亭其上，曰騰勾亭。

洞亭桥：△在阳明洞前，架小亭其上，自桥东数十步又有阿斗、观山二桥。

八字桥：两桥相对而斜，状如八字。

√柳桥：王毓蓍殉节处。

○香桥：陆放翁种梅于此故名。其旁尚存梅园衙。俗传朱买臣还乡又名乡桥者非也。至元时劳义士新之，隆庆间郑守愚重修，清康熙八年陈伯嘉重修。

孙断大桥：在吴融孙断之中，张贤臣捐百金造。

浪媛桥：△在双溪港张神庙之左，平水、上灶二溪之水会流于此。向有木桥，水猜涨即冲败，往来者甚苦之。张贤臣捐资纠众易以石，名曰浪媛。里人勒石于张神庙中以记其事。明崇祯17年山阴谢顗重修。

√万安桥：△在三都楼江广陵庵之南，僧其缘募资造，桥长如丈。

此外有：火珠、杜浦、柯桥、亭山、钟清、平章、大郎、小郎、鲤鱼、光相、木瓜、香桥、里马、瓜咸、宾舍、禹会、宝

138/3

第　　　　页

桥、镇秀、六山、梅仙、镜湖、永安、造戏、茅铁头、九節、睡仙、仿東、日速、濯笠、~~[illegible]~~、咸欢、暗桥、大秉、[illegible]馬古桥。

21/ 萧山县99桥　　138/3-4

○高迁桥：在县北五里，十道志云：董黯见孙权于此。吴志：孙策入郡，郡人迎于高迁。注：永兴有高迁桥。

東阳桥：在城東门外，明嘉靖癸巳筑城，民多借用桥石。乙卯倭入直薄城下，拆毁。丁巳令魏堂督民重造，清顺治年间重修。

○瑞莲桥：在县東门外15里，明万历间，邑女子萧瑞莲造，俗呼姑娘桥。

双牌桥：在县东钱清镇，又曰方家桥，岁久圮。宋郡守汪纲重修。孝宗御舟经行，撤而复葺。

弘济桥：在县西五里，邑绅张干山造。桥边有井，来端蒙、端操重修，俗名献南桥。

○陈公桥：△在县東城外百步，明万历44年邑令陈如松掘通双河塘，折通河水使南流，因造桥焉。清康熙五年造祠于桥上。

踞虎桥：在县东15里。里有虎患，故名。邑人来端操造。

○大通桥：在县南，旧名板桥，因大通和尚所造

20×20=400（京文）

461

138/3—4

故名。明万历32年邑州判陆道徽加修并筑缮焉。

公孙桥：在县南35里旧朱村，木桥甚狭，有堕死者，明隆庆中邑人华宾改造石桥15间未就，其孙华陛续成之，凡21间，乡人义之，故名。清康熙元年，邑人王承宗修筑三间。

望湖桥：在县西门外鼓楼。旧志：杨、郭二先生祠在湖口，民登望之，故名。康熙六年重修。

笑竹山桥：在县西，里人李弘辉叔侄来士重修。凡桥梁修圮者弘辉皆为修理。

此外有：梦笔、新安、王、屋子、东仁、蝶山、新桥、天禧、峡浦、清风、南溪、右道、江能、三中、凤仙等桥（余略）

3/诸暨县27桥 138/4

太平桥：在县东门外，旧为浮桥以济，明景泰元年，知县张钺易以石，长36丈，广二丈，五间。

于溪桥：在县东北62里，传为吴于吉所居。

此外有：桂华、节溪、长宫、古里、善感、宝珠等桥。

4/余姚县137桥 138/4-5

江桥：在县南门外，宋庆历间始用木济江桥之，寻圮。崇宁五年乃改石桥名德惠桥。淳熙中易名虹桥。元至顺三年重建，改名通济。

462

138/4—6

第　　　　页

黄山桥：在大黄山北，宋绍兴间名善政桥。元至顺中修，至正间重建。明嘉靖中邑侯复建。桥石柱而木梁。

○隐霍桥：在县东南15里。唐冀威携霍至此，霍名隐而死。

○战场桥：在县南四里，宋宣和二年官军与睦寇战于此，因名。今讹为钱粮桥。

姊妹桥：在县北20里，分名之则为大桥、小桥。由潮堰以出，河分为二，一出黄清堰，一出低仰堰。

○虞望桥：△在县西，土人祭赛帝舜庙者相望不绝故名。

此外有：资圣、仙蟠、观桥、榭桥、待士、石婆、黄蘆、九功、赛公、汉婿、射亀、秘图、小秘、麝兰、甚阳平、埋马、大溪、葫芦、章板、八士、舜桥、芝桥（余略）

51 上虞县88桥　　138/5—6

○杨桥：在县南一里，去曹娥庙30里，世传曹操题杨修处。

○孟宅桥△在县东门外，其南汉孟尝宅也。

佛跡桥：在县南，俗呼为李打猴桥，石墙至今犹存。

善济桥△在县西南，里人捐资以建，长20余丈，知州丁时捐俸金50两，桥旁庵，亦名善济庵。

○马慢桥：在孝闻岭之北，相传宋高宗过此马

20×20=400（京文）　　463

138/6

不通，故名。

合溪桥：在县南东西两溪合流处，洪水汛涨时则波涛冲激，桥屡屡圮，里人周家俨首捐石造桥，分为三洞，以泄其流。

此外有：九乡、西宦、探春、陈大郎、落马、狗头、分金、双溪、乘学士桥。（全名）

6/嵊县66桥　138/6

子猷桥：在县东五里，晋王徽之子猷返棹处也。世说：王子猷居山阴，夜大雪眠觉，开室命酌酒，四望皎然，因起彷徨咏左思招隐诗，忽忆戴安道，时戴在剡，即便夜乘小舟就之，经宿方至，造门不前而返。人问其故，王曰吾本乘兴而行，兴尽而返，何必见戴。

谢公桥：在县西一里，因康乐得名。桥下即溪陆门。

西门桥：在县西门外，明弘治中邑民王汉二自捐千金甃石桥，寻被洪水冲圮。嘉靖24年知县谭潜因旧址筑以镶墩14，上横架石梁，可通舆马。清洪水冲激墩圮。康熙七年知县张逢欢、县丞胡江、典史毛鹏铭捐俸，邑进士尹巽昭铭延僧明道募助修葺。九年大水墩圮。

464

138/6-7.

第　　页

南门桥：在南门外南津渡，为南北通津。元末有浮桥……(明万历)36年秋七月，邑进士周汝登请知县施三捷造今桥，石墩石梁，长五里许，广厚通舆马，一名施恩桥。……清康熙间知县张逢欢、县丞胡江、典史毛懋铉连年修葺。

蒋家埠桥：在县东三里，明万历间甃石为洞，下可通舟，上剧石栏，人称花桥。

谢家桥：在县东五里，以谢灵运得名，明成化间知县许岳英重修。

阮桥：△在县西35里阮肇遗迹。张文珊、张公泰重造。

五马桥：△在县西35里张氏宦显有五马之荣，故名。

洗履桥、招隐桥：△在县西北14里，跨剡溪上下流，两桥皆戴逵遗迹。

此外有：许宅、上碶、石佛、三特、高古、仙神、周郎、山头、独松、港口、打石、广杭等桥。(余略)

7/新昌县28桥

司马悔桥：△在县东南40里，一名落马桥，唐司马承祯隐天台，被征至此而悔，故名。

济川桥：△在县北溪，邑人潘复镇等造，有济川庵，置田赡僧以守之。

20×20=400（京文）

465

此外有：古松、石鼓、浣王、接霄、烂仙、桂香等桥

绍兴府风俗考　　职方典第990卷　　第138册　（府县志合）

元宵：每正月13日夜，民则比户接竹棚悬灯……

……女子出游，燃灯过桥，谓可免一岁疾厄。138/12

绍兴府祠庙考　　职方典第990/991卷　　第138册　（府志）

（本府）尹和靖先生祠：△在拾子桥下，古小字内，盖善法寺废址，明嘉靖间立。138/13

朱太守祠：△在昌安门外交（文?）桥西，汉太守朱买臣守郡，有破瓯越、开境土之功，民立祠祀之。138/13

（上虞县）朱侍中庙：△在破周湖北，祠南如（?）旧有学堂桥，西有洗砚池，邑人谓买臣遗迹非也。县志曰：盖汉朱儁，儁上虞人近是，又一在古细亭。138/15

（萧山县）觉苑寺：△在梦笔桥北，齐建元二年江淹之子昭元舍宅建……138/17.

（诸暨县）正觉寺：在善提山中村公奂之南，后晋开运元年建……峡跨一小桥，桥旁有一指石，一指点之即动，以手力推则屹然。峡内又有喝开石。相传旧有菩提树，生子如一百八颗。138/17.

20×20=400（京文）

46

第　　　　　　頁

绍兴府古迹考　职方典第993卷　第138册

(本府)王右军别业：今戒珠寺是也。羲之别业有养鹅池、洗砚池、题扇桥。 138/23

浴龙宫：在迎恩门外虹桥北，宋理宗童时浴于此河，因名。

(余姚县)黄昌宅：在黄桥南，昌仕汉为大司农，又云居近学宫。

(上虞县)孟尝宅：在县南卅步，有孟尝桥，尝汉合浦太守。又东一里有还珠门，取珠还合浦之意。

20×20=400（京文）

467

浙江台州府部

138/35-38

第　　　　页

台州府山川考　职方典第995/996卷　第138册（通县志合）

（天台县）

（本府临海县附郭）天台山：在县北三里……高一万八千丈，周回八百里，山去天不远，路由福溪，水险而清，前有石桥，广不盈尺，长数十丈，下临绝涧，惟忘其身，然后能济。济者梯岩壁，援藤萝始得平路，见天台山蔚然奇秀，双列于青霄上，有琼楼玉阙天堂碧林醴泉仙物毕具也。138/35

石桥山：在县北50里，两山相垂，迤亘一百里，傍有方广寺，有小石桥架两崖间，路形龟背，广不盈尺，其上双涧合流，泄为瀑布，而流割中。桥势崎岖，状如横虹，且多莓苔滑甚，过者目眩心悸。晋孙绰赋：跨穹窿之悬崖，临万丈之绝溪即此。138/35

断石桥：在县北90里，自石桥沿涧行可15里，有一石梁中断，因以为名。138/35

（宁海县）仙桥岭：在县南100里，两石峰立如门，以小木桥跨道，下有泉湍急穿涧而出，道甚险隘。138/37

（太平县）黄壁山：在县东30里，长屿深谷中叠石墟为桥梁柱础。有石如妇人立于上，俗呼为石新妇。138/38

（京文）　20×20=400

20×20=400（京文）

468

138/39

台州府关梁考　职方典第997卷　第138册

1/本府（临海县附郭）47桥　138/39-40

○状元桥：△在城内治东一里，宋侍郎陈公辅所居。

白塔桥：△在治北260步，其侧有塔，故名。

悟真桥　△在治北280步，宋张平叔居此，故名。

中津桥：在兴善门外，宋淳熙八年，郡守唐仲友建。长86丈，广一丈六尺，节二十有五，維舟50。明弘治初郡守马俊置田九顷81亩，岁课租银98两以供岁修，今废。正德间，郡守顾璘重修，桥夫20名守桥，以防桥船漂失。清康熙18年，玉带桥成，移于上津西门外。

○玉带桥：在城靖越门外文思桥下，江面阔一百余丈。康熙七年，僧妙真募造石桥一十六间，于波涛汹涌中，自水底下桩筑墩，桥面铺石。每间长六丈，阔二丈。造作数百万工，资用悉倚募给，计一十二年，至康熙十八年仲冬桥成。邑人陈善举为立碑，改今名。

○怀义桥：在县东二里，宋乾道六年，郡守向汋建。或云宋时钟童为尉，斩寇尸于此，故名。

○文礼桥：在县东二里，因大固乡旧有文礼里

138/39-40

故名。一云蛇鲤，以唐开元中蛇与鲤斗而名。

西明桥：在县东二里，以路通四明故名。俗又呼为十明桥。

大通桥：在县东15里，又名双桥，跨溪流，宋时多梅花。

新桥：在县东15里，元桥有渡，明万历间，一僧渡此，苦舟人索利，遂造此桥，至今便焉。

锦衣桥：在县东20里，旧为邵家渡，以本邑蔡潮捐衣助桥，故名。

九思桥：在县东130里，宋乾道间造，有九洞。

茅师桥：在县东南50里，旧传有茅姓弟兄造，故名。

赤栏桥：在县东南125里，又名章安桥，其上旧有亭，东西有楼，晋成公绥为章安令登桥赋江上雪赋。

三洞桥：在县南15里，清顺治年间建，康熙八年，僧妙真募建。

此外有：卖猫、东留岐林渎、三多、清化、遂仁、九子、会浦、吉祥、八叠、玉峰等桥。（从略）

2/黄岩县的桥 138/40

县桥：在谯楼前，宋宣和五年建，明隆庆二年

20×20=400（京文）

470

令杨廷表重修，增二桥于左右。

○孝友桥：在县西一里，修60丈，广三丈，跨大江别浦。宋元祐中知县张元仲累石为之。元仲字孝友，因以名桥。元末毕地，后赵伯云重筑。桥有五间，桥面亦五折。

李进士桥：在县西40里，进士李偘造。

利涉桥：在县西15里，旧为断江渡，江流湍急，尝溺人。明万历丙子冬，死者尤甚。署县事推官杂以因地方之请，欲倡义造桥。未几袁令名楫至，復吕义若仇勤庞二姓疑嫌于心为，己卯秋告成。

利涉桥：在拱辰门外灵江上，旧为旧亭渡。宋嘉定四年令杨圭造。长100丈，广三丈，为台温通衢。

此外有：花桥柳桂桥，吴陀桥，亭前桥（余略）

3/天台县40桥

○孝义桥：在县东90步大街上，淳化元年造。即潘五择母尝为处。

临川桥：在县西一里，旧名西桥，承流湍急，桥柱屡折。宋隆兴二年，邑令王琰始为石梁，造亭五间于上，以琰临川人故名。令陈骙为记。元祐五年水冲倒坏，後修，桥完而亭废。明永乐七年暴洪冲坏,知县张垌委陆宜洋、许均庄重建。清康熙六年,知县侯仁爵委里民陆必捷、姜可升等督造。

○思贤桥：在县西二里20都赤城涧上。宋嘉定二年令詹阜民有德政,秩满邑人送至此,刻石名桥以记善政。又名迎宾桥,桥侧宋儒潘子善故宅在焉。图经云咸平五年建。后坏,万历19年义官许棣捐资重建。

长洋广济桥：在县西20里18都长洋涧上,里人洪氏建,宋谦为之记。

丹霞桥：在县西15里福圣晚霞,以近丹霞洞故名。宋绍兴间,邑令李庶建。元时衡坏,后桐柏宫徒黄钟醮以余资再建,故又名黄钟桥。

○清溪桥：在县西五里20都地当孔道,水势湍悍,宋令丁大荣建,大桥长40丈,阔一丈六尺,以雀仙名之,杨似起为记。万历六年邑令岳如庠重改石桥,环洞二十有八,名岳公桥,碑存。43年令胡来聘修。崇祯间知县程良符重建石桥,又大洞,广一丈余,行人利焉。清顺治间,一夕忽出大水,冲塌桥废,里人设木桥以济渡。

安定桥：在县南门外,即溪南古渡。万历39年令胡来聘以溪多漂没,木石易毁,造浮桥,板船16只,铁索85丈,南首又有石桥27洞,立二石坊于

138/40—41

第　　页

两岸，名安定桥，今废。

此外有：济水、张水、振锡、冠泉、乌石等桥。（余略）

4/ 仙居县23桥　　138/41

三桥：在县西二里，以孟溪、马蹄、张阜三水合流而名。明正统间知县曹谅建，僧士争、张榛重建，侍御王存忠为记。明季又圮，水月堂僧德进募而新之，徐嘉宾董其工。

杜婆桥：在县西北四里，以杜氏妻建，故名之。

断坑桥：在县东20里。宋绍定六年知县程士龙时戒解组，民送之于此，不忍别，又名留程桥。

此外有：鹭鸶、丞相、苦竹、夏阁等桥。（余略）

5/ 宁海县35桥

登台桥：在县东40里，取孙绰赋语名之。志云：桥成叶信公登台辅者谶。跨24洞，下通舟楫。宋绍定中发运郑霖与僧元海同建，其孙瀛于桥东建庵，置田一顷，居民主之。元至治中圮，僧曼元募建。明成化17年又圮，令张和重修。今仍半废，惟东二洞尤善。相传初建时，有谢姓之女立誓奉亲不嫁，捐资助建故尔，岂孝感耶。

桃源桥：在县东190步。昔时两岸多桃花故名。

20×20=400（京文）

473

138/41—53

桥储国秀自称桃源主人，黄文献有桃源名更美之句，金王士弘号桃源仙客。桃源实海之通名。

○宋行桥：在县北50里，桥成适朱夫子往台赴任经此故名。

○谢豹桥：在县西北八里，筑时闻杜鹃声，故名谢豹。

此外有：僧官、摘星、海游、永通、从会等桥。(余略)

6/太平县81桥：续桥、新牛、百步、郑行人、金佛、假山、竖石、鸦鹊、潘郎、楼旗、江心等桥。(余略) 138/41-42

台州府祠庙考　职方典第999/1000卷　第138册（通志、府志合）

(本府)忠勇祠：△在狮子桥，明嘉靖间邵守谭纶建，祀死事偏裨者。138/49

(仙居县)石桥庙：△在县西80里，祀胡四郎，嘉定中建。山上有石洞，下有一石如梁跨之。138/51

(天台县)石桥寺：△在县北50里，旧传五百应真之境。又有方广寺附其中。宋建中靖国元年建。138/53

台州府古迹考　职方典第1001卷　第139册（通志）

(本府)元绛十桥：在府城古有三门……宋庆历中，文简公元绛守台始开凿通舟，建十桥以度车马，

474

139/2—5

曰平桥，在州治小厅前，淳熙中宗守颖重建，跨池为屋，左右植芙蓉，曾守几有诗赞之。139/2

赤阑桥：在临海县南125里，章安戍公绕望江善雪然处。139/2

仙人脚迹：在郡城东北65里，当县岩下小支溪间有足迹，跟在上，足趾向下，印于石上，如人践泥中踏留左足，比人脚迹长寸许。相传汉时仙人驻石送桥所践者。至今岑山南有石痕，即所驻未冬之石存焉。139/2

（天台县）洗马潭寨：在天台县西北下马桥。旧志有洗马潭……未有寨名而此云洗马潭寨者，未知果在何时。139/2

（仙居县）桐江：在仙居县。唐方干寓桐庐，后人迁至仙居之板桥。宋时其裔孙建斯桥书院以延学者，遂以桐江名。朱文公熹过之，为书爱山堂；王十朋为书东南道学世家。139/2

台州府艺文　职方典第1002卷　第139册

刘院涧记（文）　（宋）郑志道　139/4

广济桥记　（明）宋濂　139/5

20×20=400（京文）

475

139/5—7.

第　　页

舟中晓望天台（诗）	（唐）孟浩然	139/5
寻天台山（诗）	〃　〃　〃	〃　〃
游天台（诗）	（唐）李　邕	139/6
〃　〃　〃	〃　张　祜	〃　〃
题妙乐观（诗）	（唐）灵　一	〃　〃
春日行天台（诗）	〃　释贯休	〃　〃
赠杜介（诗）	（宋）苏　轼	〃　〃
石桥（诗）	（宋）王十朋	〃　〃

台州府纪事　　永乐大典第1002卷　　第139册

（本府）万历30年壬寅六月，亢旸不雨，邑令然东衡取水白龙潭，绅士民俱赴郊外迎接，过中津浮桥断，淹死青衿三人，百姓四人。　139/7

台州府杂录　　永乐大典第1002卷　　第139册

会稽志载司马悔桥在新昌县东南40里。旧传司马承祯被召至此而悔，因以为名。后人遂以此桥，错书悔字为晦，其义差殊。按云笈七签载司马悔山在天台山北，係十六福地，李明仙人所治之处。山在天台新昌二境间，桥以山得名，非为司马承祯设也。……　139/7

（京文）　20×20=400

20×20=400（京文）

476

浙江金華府部　　139/13—18

第　　頁

金華府山川考　职方典第1003卷　第139册　(府县志合)

(永康县)寳巖山：在县東南40里，周五里许，其山望之，架石梁曲折而上。　139/13

金華府关梁考　职方典第1005卷　第139册　(府志)

1/ 本府(金華县附郭)32桥　139/18—19

通济桥：在通远门外，去县治西南一里许，通汤溪，达于衢州。元大德四年西華寺僧宗信募缘创造未成，元统二年浙東宪使徐爽奏请甃造，石墩十一，堤头二所，高出水面41尺，架木为梁，修至78丈，广24尺，覆之以屋，如其修之，为楹六十有四。明洪武35年毁于火，天顺壬午年重修。嗣后遂毁遂修，至清初，知府张为豫捐俸首倡，功未就随去。至康熙癸卯重造，庚戌又被洪水冲坏中堤，知府吴聃及县令李锦重修。甲寅寇乱尽毁，知府张藎及县令王治国始造浮桥以济。双溪水汇其下，西流入兰谿港。

弘济桥：在赤松门外，去县治东南三里许，通武义永康达于处州。旧名上浮桥，以铁索维舟二十有四，架板其上为梁，临缚梅花洞水，长30余丈，

20×20=400(京文)　　477

139/18—19

阔一丈五尺。明成化13年知府周宗智重修。每舟往来必候撤板，人以为病。正德间邵守适准乃架木为二墩以通之，水陆皆便。清顺治三年桥尽坏，九年县令王世蕃重造。康熙六年县令祁振宗修，九年县令李锦加修。

山桥：在县北30里，两崖对峙，溪流折旋，桥翼然跨之，城郭全景宛然在目。

松溪桥：在县南25里，通永康县及温、台、处，长25丈，杨棚溪水经其下，年久倾塌。明嘉靖丙申巡按御史张景捐俸重造复圯。丙寅，分巡佥事李秘用石修完。

此外有：白云、天香、祥来、金香、二仙、攸利、等桥。

21/ 兰溪县64桥 139/19

悦济浮桥：在县西门外，跨衢婺二港，旧名中浮桥，宋绍兴中始作于江运使衍……明正德四年，县丞田中令民三里共作一舟，桥始复成，有保宁军节度推官沈唐老记，徐文主造桥记，浙12桥泰使刘舒浮桥记，重修悦济桥记。万历12年大学士赵志皋与邑侯叶永盛又重造，并置田数百亩为缮修之费，明季废于兵燹。清顺治八年

478

139/19-20

第　　　页

知县李根宣重造，有记。

√板桥：在县西33都，僧可咸造，明崇祯间衝坏，知县盛王赞重造有记。

普济桥：明一统志在县北十里，宋从壁中继赠百艘以渠舟系上，后更名驻云，即今之女兒滩。

此外有：师姑、豹岸、五节、豹公，八石、二板、白桥，和尚、兜亭、李伦、黄义等桥。（余略）

3/东阳县16桥：玉带、乘驷、北桥、北数、夹溪（余略） 139/19

√夹溪桥：在县东31都，界台、新二邑，高十余丈，长30丈，明嘉靖年间耆民赵横造。

4/义乌县45桥 139/19-20

兴济桥：在县东三里，西接街衢，南通八闽，北走杭绍，东至东阳、台、温诸处，向为行人所便。旧有浮梁四东12浮桥。宋庆元三年知县薛扬祖更以石造，嗣后屡有修造。清康熙九年知县于健重修，往来者咸德之。今木栅仍坏，乘骑北道者多畏危焉。

新吴桥：在县西50步市心，宋淳熙四年县丞胡从造，桥下置闸以节绣湖水利。

此外有：紫陂、葛梓、霸亭、野鸭、管婆、协恭、彭三、唐公、蓬龙等桥。（余略）

20×20=400（京文）　　479

139/20

第　　頁

5/永康县30桥

仁政桥：在县东南30步，旧名大花。元至元五年改造以石仍覆以屋，易今名。明景泰六年浙江佥宪冯诚重造未毕，知县刘珂继成之，刑部侍郎缙云李棠记。正德16年屋灾，县丞李景轩葺。万历28年知县戴廷凤檄施宣易、吕斌重修。

永宁桥：在县东南130步，旧名小花桥。元至顺元年主簿赤瑾笃祖改造以石，尚易今名。明永乐县丞胡文华，弘治间市民徐缉铭重造，正德间其子璋重修。

此外有：梁风、私尚、龙盘、诸山等桥。（全略）

6/武义县17桥：内白、凤林、丁姑、妃偃、熟溪（全略）139/20

内白桥：在县东25里，旧名白水桥，县尹黄春有记。

△丁姑桥：在县东25里，近桥有丁姑九女祠，因名。

7/浦江县14桥：南桥、公馆、席场、孝门、宅前（全略）139/20

√南桥：在县南一里，跨浦阳江水，宋元符中钱尚书遹所造，广19尺，长30丈，旁为水阁桥址，元至正间重修，筑堤300余丈，障水，堤尽处又造小桥以泄支流。明万历20年邑人别驾陈玉修。清康熙十年邑人李如珪重修。

20×20=400（京文）

480

137/21-42

第　　页

8/ 汤溪县 10 桥：表忠 白龙 街塘 六泷 酆村（旧县）139/21

△表忠桥：在县南 15 里，东到陶公庙后。

白龙桥：在县东北 25 里，明万历甲申年知县陈岩鳌始创石桥，汪文璧有记。

酆村桥：在八都后溪，金聘造，其时廷仙。

金华府祠庙考　职方典第 1007 卷　第 139 册

（兰溪县）关武安王庙 △在溪西飞市，因悦济浮桥成，故建祀之。 139/27

梵安教寺：在县北铜山乡，唐同光中建，俗名桥梁 139/29

（永康县）兴梵寺 △在县东 18 里，旧名祇园，后晋天福二年建，地名罗树桥。 139/32

金华府古迹考　职方典第 1009 卷　第 139 册（府县志合）

（兰溪县）三画山房：△在城北思美桥畔，胡元瑞藏书四万余卷于此，桥横其中，王世贞记。 139/38

金华府艺文　职方典第 1010 卷　第 139 册

游赤松山记（文）　（宋）吕祖谦　139/40

解缆去朝市（八咏诗之七）　（梁）沈约　139/41

金华府纪事　（府志）陈慎永康人，……乾道间岁大歉，有衔以食饿者，郡有逋税，代偿之，复建桥三处，曰上降，曰下降，曰东侨，甃道以便行役。—— 139/42

20×20=400（京文）

481

浙江衢州府部　　　　139/48—50

第　　　　頁

衢州府关梁考　职方典第1012卷　第139册　(府志)

1/本府(西安县附郭)73桥　　　　139/48-49

○驻马桥：即落马桥，俗云黄巢到此落马不敢入城，故名。

此外有：三凤、朝真、狮桥、马桥、仙履、叶鸢、甘蔗、上三、下三、安泰、尚论、百岁、项桥、马搏、鸭桥、高桥、莲花、云庄二老、宝凤、章戴等桥(余略)

2/龙游县30桥　　　　139/49

白莲桥：在县治前，宋乾道中种白莲其下。

通驷桥：在永安门外，跨灵源港，宋绍兴中建，淳祐重建，易以石墩。

此外有：桥亭、马报、龙门、三元、节妇、钱桥、神仙、仙迹、贺华等桥。(余略)

3/江山县61桥：宾日、春野、华清、景星、昭明、延龄、冷水(泠)、忠者、古桥、青霄、丰足、落马、金鸡、罗娘等桥。(余略)139/50

4/常山县19桥：观风、太平、儒溪、龙远、炉内(余略)139/50

太平桥：在县西40里草萍，桥上有屋覆之。

5/开化县22桥：旺里、石梯、迎凤、村心、马金(余略)139/50

○石梯桥：在县北五里，石壁峭立，下临寒溪，有道士叠石为梯七十余级，桥亘势若彩虹。

20×20=400（京文）　　　　482

140/4—6

第　　页

衢州府古迹考　职方典第1015卷　第140册（通志府县志合）

（江山县）青霄亭：△在县北毛桥上，知县黄綸建。140/4

松山亭：△在县北柘桥上，知县黄綸建。〃〃

（常山县）草萍亭：△在草萍桥上，常玉之界。〃〃

（开化县）永安宝塔：△在通济桥东金钟山麓。140/5

衢州府艺文　职方典第1016卷　第140册

开化通济桥记（文）　（明）金贲　140/6

烂柯山四首（之二）诗　（唐）刘迥　〃〃

20×20=400（京文）

483

浙江严州府部　　140/11—16

第　　页

严州府山川考　职方典第1017卷　第140册　（府志）

（淳安县）尹山：在县西南70里梓桐源，山上有庵，两峰南峙，跨一石桥，傍一石人，旁有石室，中列石棋，天然奇怪，不可名状。　140/11

（桐庐县）阆仙洞：在高山，去县东北15里……中有天地，石缝禅床，跨空有桥，真为仙境。宋时黄裳游此，作诗十绝以记之。　140/12

（遂安县）纯和山：在县西十里，高可百丈许，上有仙人桥。　140/13

乳洞：在县南80里，洞门广三丈许，中有異石如桥梁、仙掌、龍、鳥、佛像之状……　140/14

严州府关梁考　职方典第1018卷　第140册　通志、府县志合

1/本府（建德县附郭）46桥　140/16-17

三元桥：在府治南正街，以商辂中三元，立坊，故名。

吕公桥：在城西一里近乌山麓，是为徽宁处淳遂寿经行之要路也。当山谿之水直入大江，行者患之。明万历38年知府吕因居民之请先捐俸20两为首倡，于是鼓义者集而成于42年，行者德称为吕公桥云。

余浦桥：又名老虎桥，在府治东兴仁门外。知

20×20=400（京文）　484

140/16—17

府朱瞻修葺，后因洪水漂荡，桥毁去半，人艰于行。康熙七年都督鲍虎捐俸大造石梁，崇置阑干，又造石虎四，勒碑为记，行人诵之。

凤翔桥：在府治西北二里临郭坞口有亭八楹。

杜桥：在府治西四里獭滩東，杜姓造故名。后圮，僧人德钦请于府、县持簿募众重造。有顷一明指资独修，年久复倾圮。康熙八年都督鲍虎捐俸重造，比前宽广，上竖石栏，行者德之。

治平桥：在府治东北60里。宋黄天任捐田百亩以给修造。

△篁溪桥：在三都去城西南15里，为浙东通衢。明万历35年造，复于桥之西造一庵以护之。知府吕维题扁曰长虹永镇，篁溪宋氏共董理。

县治桥：在造保县前，明万历11年知县俞汝为造，有记，并造石亭于桥左。

此外有：後历、上坑、新宫、大郎、石母堂、宣威、金鸡、富寿、毗昔桥。（余略）

8/淳安县42桥　140/17.

县市石桥：東曰新桥、杜桥，西曰白塔桥、西砌桥。桥边旧建有白塔故名。

20×20=400（京文）

485

马蹄桥：在县东一里，传昔有仙人骑马过此。

武安桥：即宋西洲桥，邑人洪本美重修。

聚星桥：在县南50里太平乡，相传宋时有邵氏五人相继登科，故名。

魁星桥：在县东北60里，知县汪黄造，以其地有魁星石，故名。

青山桥：在胡村，商持造，方良臣移桥于山下。

此外有：细桥、轩驻桥、三会、万花寺桥。（余略）

3/桐庐县81桥　　140/17-18

宝庆桥：在县南30步，宋嘉定年县令赵汝悼造。桥成适改元宝庆，因以名之，俗呼为县桥。

龙津桥：在上航埠，一名還通桥，又名杨家桥。明洪武元年，浦水泛涨，有龙乘势入江，因改今名。至九年洪水冲圮，弘治年邑人王希哲、义民王孔昭捐资重造。

丁桥：在县东13里，相传有丁丞相建桥以便，后遂以名。

双桂桥：在县西十里绣华村，邑人赵璘、俞演、演明永乐年同造，其年即同中，故名。

安福桥：在县西北25里，上通延德，下通桐分

486

140/18

要道。明弘治乙丑年，义士朱溥率众姓建，因圮复建。后又圮于洪水，正德间溥独力重建。万历35年又圮，王应治为首募建。清顺治12年洪水坏，邑人叶文卿……募建石梁桥二间。

△望仙桥：在县西北30里，跨入桃源，宋嘉定间里人俞文凯建。桥南有仙翁祠故名。

√月梁桥：在县东南35里，桥湾如月，故名。

√世济桥：在县西北35里。元至正六年里人姚寿翁建，学士欧阳公书并篆额。

√怡亭桥：在县西北45里，里人吴叔镐叔铜建，刻云青山存古意，白发照初心。

○独石桥：在县北40里，里人吴仲高建，以独石为之，长一丈四尺阔八尺，厚二尺，亦一邑之奇也。

花桥：在县西北50里，相传昔人于桥上置亭，饰以五采，故名花桥。

√保泰桥：在百浦内，里人钱懋绥偕母建，明洪水坏。崇祯七年耆民华汝铀重建，清康熙八年复坏，子华本澈修。

上航桥：向无渡船，往来雇渔船，任其索取。明万历40年，知府吕发银十两造船二只，又置田二

20×20=400（京文）

487.

亩六分，即令渡夫自种，收花利为工费，行者赖之。据县志在县西三里过白塔埠，里人郑访戴塔造义渡航，今有渡田若干亩。

此外有：凤山、吴子、雾露、下蹬、上畢、白桥、关山、降桥、袁阁、凝紫、继志、渡予、曲江、求雨等桥。（余略）

4/ 遂安县39桥　　140/19

锺义桥：在县南，宋邑士王总得建，捐田50亩，永济庵僧人掌之，随圮即修。及庵废桥毁，返其田，仍为渡桥，夏溥记。寻复圮。明嘉靖间邑民王思洪倡义建桥，墩土驾屋覆之，知县胡仲谟记。18年大水墩圮尽坏，隆庆间知县周怡建木桥，邑人陆应龙记。寻又坏。万历辛亥知县韩晟修复石墩，驾板成桥，督工耆民王世麟、世凤资助焉，邑人毛一鹭记，晟自为南桥赋纪其盛。又置田以为修理之费。壬子大水复坏，自后仍用板桥，岁岁修葺以为常。

斗左桥：在县西南50里，据县志在县西60里，明嘉靖37年丰润令余乾亨建，因于桥下得石如斗，故名。

丫砦口桥：邑人汪时秘建。寻渐圮，明崇祯15年毛广宇捐修三门，清顺治14年僧性遂募修六门，行者便焉。

140/19-20

馬石桥：在县西30里，相传明太祖略地新安，過建嶺，至此旋师于石间上馬，因名。

此外有：利桥、劝农、珠水、蟠龍、遮嶺、風沂、万松、龍峯、富春、賢桥等桥。(全名)

5/ 寿昌县29桥 140/19

八鼓桥：在县西南25里，置八石鼓于上，故名。

此外有：至仁、排山、由牛、珍石、皆喜等桥。(全名)

6/ 分水县19桥：順安、双桂、濯仙、龍桥、錦溪(全名) 140/19-20

濯仙桥：在县西四里，昔有仙人濯足故名。

嚴州府祠庙考 職方典第1020卷 第140冊 (府志)

(寿昌县)匹布夫人庙：在县東南白艾村。相传唐末巢賊据县治，官軍討之。阻溪水漲不得渡。忽見一女子漂布于水，以布擲之化為長桥，士卒履之而過，遂破賊。以事聞于朝，封匹布夫人，列于祀典，今乡民以祈蠶穀。 140/24

会通庙：在县西会通桥上。 140/24

(建德县)九峰寺：旧在县西北五里裴郭塢，宋宝元二年建，知州趙抃有詩。明嘉靖間废；旧址為有力者所得，寺僧道深尋复建凤砌桥。万曆36年僧德

20×20=400（京文）

489

140/25—32

第　　　　页

钦力复古地，长延殿宇，焕然一新。 140/25

严州府古迹考　永乐典第1021卷　第140册

（桐庐县）瑞芝轩 在县北四里禅定院内。宋绍兴间，张魏公浚访分水王司谏缙，道经停桡，憩于寺中，经宿而芝草挺生，人皆异之。僧为榜瑞芝轩以表其异。 140/32

20×20=400（京文）

490

浙江温州府部 140/40—44

第　　　　页

温州府山川考　职方典第1023卷　第140册（府志）

（瑞安县）仙岩山：在县东北45里即大罗山之阳……

乃天下第26福地。有三皇井……虎溪桥、白莲池。

又有积翠峰…… 140/40

温州府关梁考　职方典第1024卷　第140册（府志）

1/本府（永嘉县附郭）77桥：华盖、五福、文瑞、木绵、广川、千秋、大郎、美桥、利涉、地藏、净水、仙门、（余略） 140/43

2/瑞安县72桥：锦湖、新渡、百间、普角、宋都、范大、贤蓁、莲桥、大贤、金狮、九间等桥（余略） 140/44

3/乐清县100桥 140/44

宝带桥：在儒林坊，旧有吴家桥在东七、八尺。宋令王傅以桥北民居塞县治前，乃以桥地易民居，增筑大桥接前部路，名市心桥。

姜公桥：在澄清坊，邑令姜光廷有三山黄说记。

十里桥：在12都，邑人郑晋之等路为东安西华等二桥。

此外有：望东、万桥、瑶田、孝义、盖竹、湖漾、法灯、大安、队部、八华、龙首、仙洋、八仙、咸税、自然等桥。（余略）

4/平阳县40桥 140/44—45

20×20=400（京文）　491

西浦桥：在前仓镇南，此係浙闽通津，潮势迅疾，屡筑屡圯。明成化间令王岳修，万历间令朱邦喜重修，有记。

此外有：马桥、飞龙、白石、金桥、寨波、鹤巢、垂杨、八讼、将军等桥。（余略）

5/泰顺县29桥

东渡桥：在县东40里，明嘉靖间倭毁，邑令王克宗重造。

此外有：爱董、仙居、南阳、泉地、际下、石碇、猿啼、斟洲、石嘴、金狮、大鹏等桥。（余略）

温州府祠庙考　职方典第1025卷　第140册　（通志）

（本府）广孚宫：在仓桥，祀陈十四夫人。　140/49

温州府古迹考　职方典第1026卷　第140册　（府志）

（本府）温州府旧治：在城西南华盖桥西。……　140/54

（乐清县）仓湖渡：在白石，宋淳熙间乡人赵武翼造桥其上。　140/55

（平阳县）宝纶亭：在州桥东。　140/55

班春亭：在州桥西。　〃 〃

492

140/57—59

温州府艺文　　永乐大典第1026卷　　第140册

自乐城赴永嘉枉道从白湖寄李少府(诗)

(宋)谢灵运　　140/57

温州府部纪事　　永乐大典第1026卷　　第140册

(府志)状元周坦少孤贫，一日牧牛失其牝，惧撻不敢归，夜卧新塘桥下。遥见火光中人马一簇来至桥所，驾曰：状元在其下，速避。　　140/58

温州府部外编　　永乐大典第1026卷　　第140册

(旧志)平阳猪屿李氏子髫龄不容于父。遇方士携之东游，不移时抵孝义乡桥下，辞不能进。方士出小镜使窥之，恍忽抵一山寺，蘧若梦觉。视僧舍则雁山灵岩寺，去家数百里矣。　　140/59

20×20=400（京文）

493

浙江处州府部　　141/3-5

第　　页

处州府山川考　职方典第1027卷　第141册　(府志)

(本府丽水县附郭)大溪：有浮桥，又名宫渡，庠生王右瑞造船拨租作义渡，当道旌其闾。　141/3

石牛潭：又名镜潭，为上游诸邑要津，有通济桥维舟为浮梁……　141/3

(青田县)南田山：在县南150里，下有黄荏楼、百丈漈，右有奥阜桥……　141/3

石笋山：二石峙立，中有大石横覆其上，下可容数十人，中有霍异桥。　141/3

石桥山：在县西70里，云雾掩结若桥之状。顾野王地志：有石桥三山，并高数百尺，疑即此。中有霍异大桥。　141/3

(松阳县)石印山：有义和桥凡四十八座　141/4

松阳溪：上有号首桥及下有蛇口上下二桥及观口渡、金岸渡，有馨岩桥，至堰首会龙泉水，经郡城达青田入于海　141/4

(庆元县)安溪：水出挂榜山下，东流过莲桥，经龟田溪、铜钵潭，出芸洲桥下，会樟溪之流，汇大溪水。其间有长田堰，灌田40余顷。有永安桥、武定桥，又有六龟桥，今废。　141/5

20×20=400（京文）

494

141/5—11

第　　頁

处州府关梁考　职方典第1027卷　第141册（通·府志合）

1/ 本府（丽水县附郭）18桥：清香、华园、槐花、黄家、明秀、
雨桥、家昭、行春等桥。（余略）141/5

2/ 青田县14桥：观桥、龙门、小洋、贤昇、大桥、暴泽、横仁、
谢桥、黄店、疏贵等桥。（余略）141/5

3/ 缙云县15桥：霞坑、清风、长润、桂香、独峰等桥（余略）141/6

4/ 松阳县16桥：克华、龙化、五福、青崇、畸石、中仙、夫人
殿、迴龙等桥。（余略）141/6

5/ 遂昌县16桥：三峰、好村、太和、香城、石印等桥（余略）141/6

6/ 龙泉县10桥：积谷、白雁、道泰、小梅、黄杨、济川（等桥。141/6
济川桥：去县治300步，宋元年吉建。141/6

7/ 庆元县16桥：大卿、攀龙、连鳌、芸洲、兰桥、横溪（余略）141/6
横溪桥：去县西20里，明万历22年址于番水，
知县邓廷邦主造，名曰通济，有缙云郑汝璧记。

8/ 云和县四桥：县前、对衙、官舍、石门。141/6

9/ 宣平县四桥：三元、通济、山坑、思恩。〃〃

10/ 景宁县六桥：雀溪、忠顺、聚仙、梅洪、乾坑上下桥。141/6

处州祠庙考　（遂昌县）林公祠：在县东梅桥头，祀
知县林刚中。黄公祠：在同济桥，祀知县黄道
晓。傅公祠：在同头桥，祀知县傅焯。141/11

20×20=400（京文）　695

141/15—20

第　　　　页

处州府古迹考　职方典第1030卷　第141册　(府志)

(本府)香风楼：在旧治东，楼下有清香桥，下多莲花。141/15

应星楼：在大市东，跨桥为之，南挹山光，下临溪水，尽登临之胜。141/16

(缙云县)紫亭：在县南龙津桥上，宋御史詹适宅。141/16

(龙泉县)留槎阁：在县治南济川桥上，宋苏轼书榜，陈舜俞赋咏。时谓阁之雄伟，桥之遒劲，咏之警邃，号三绝。141/17

处州府艺文　职方典第1030卷　第141册

初夏游三岩(诗)　(明)王明阳　141/20

游南明山(诗)　〃　〃　〃　〃　〃

处州府纪事　职方典第1030卷　第141册

(旧志)绍兴癸丑六月间，龙泉下方人有林姓者，年六十余，晚从独醒桥上流涯藏，遥见三人沿溪岸而下……　141/20

20×20=400（京文）

496

福建总部

第　　　　页

福建总部汇考　职方典第1032卷　第141册

(闽部疏)福州以南，桥皆石梁，但以巨石压之，其重不举亭，亦由水性不下也。不然洛阳晋江讵结跨南北二江。 141/28

闽中桥梁甲天下，虽山坳细涧皆以石，巨梁之，上施榱栋，都极壮丽。初谓山间木石易办也，乃知非得已。盖闽水怒而善崩，故以数十重重木压之。中多设神佛像，香火甚严，亦压镇之意也。然无如泉州万安桥，蔡端明名，能与此桥不朽矣。 141/28

20×20=400（京文）

497

福建福州府部　　141/31—34

第　　　　页

福州府山川考　照方典第1033卷　第141册　（府志）

（本府）闽县、候官县附郭）乌石山：在城西南隅，与九仙山东西对峙，唐天宝八载敕改曰闽山，宋名道山。宋志僧神晏记有33号，后益为65。……曰般陀塔：山顶有古砖塔，门忽裂，现一真身，郡人陈公云：为儿时，见石桥上有般陀和尚真身塔记，末云天复元年造。……曰天台桥，东岸巖侧有巨石果如天台石梁矣。……　141/31

粤王山：在郡城北隅半蟠城外，东联冶山，一名将军山，一名泉山，闽越王冶诸旧城处也。一名屏山，又曰平山，唐刺史裴次元遊宴城东，爱其峰峦巉巗林壑幽美，遂命辟毬场于山南，构亭为记，各尽其处。则有望京山……越壑桥……分绣桥……石堤桥……凡得景29，作20咏诗记之。141/32

鼓山：镇山也，屹立海滨，距城30里，绝地可15里，延袤数十里而遥，巅有石如鼓。……洞则霹雳、海音、白云、蛇洞。而霹雳洞尤奇，在涌泉寺左，下数十级，两涧贯其中，覆以石桥……桥则东际、蹴鳌、罗汉、地桥、化龙……　141/33

城门山：巅有盘顶峰……南有虹桥…141/34

20×20=400（京文）

498

141/34-44

第　　页

平山：在凤山东……有蓬莱桥…… 141/34

高盖山：清泉支山也。其西有磐陀岩……迤洪山桥有岭曰桑岐。 141/34

屿头山：去城70里，又曰花屿，周围有六桥焉…… 141/34

古岭山：一名古岭，一名大帽，一名帝帽，千峰耸峻……又有后湾渡……薛镜桥……诸胜…… 141/34

灵光山：旧有灵光寺，有桥曰灵光桥…… 141/34

太平山：在城北……亦曰北屿，潮会水桥有妙峰岛，脉自白塔山来屹立阛阓间，称南屿…… 141/35

天宁山：自横山南渡三桥为[illegible]山…… 141/35

榕溪：一名麻溪……旧记：白鹿山入15里为榕溪，桥跨其上曰绿榕桥…… 141/36

（罗源县）簾山：在县东簾溪，其石如簾，前后有石窗……通济桥与簾山为十奇。 141/40

（福清县）龙江：在福清县，旧名螺文江，后改名龙江，……桥曰龙江…… 141/43

福州府关梁考　　职方典第1037卷　　第141册　　（府志）

本府（闽县侯官县附郭）139桥 141/44-45

去思桥：俗名濠桥，旧为木梁，宋刺史谢泌距

第　　頁　　141/44—45

石改造，百姓思之故名，一名相桥。

V德政桥：在新桥之东，宋绍兴间僧觉衡造。

通津桥：在津门楼之南，旧名通济，伪闽筑罗城时所凿也。宋改今名，俗呼新河。

下渡桥、横屿斗门桥：二桥关闽、连江二县水利，向苦狭隘，水势善崩，明弘治初知府唐珣大加浚筑，便民为多。

○万寿桥：跨南台江300余丈，俗名大桥。元大德七年王法助募旨始創石梁，水门30有九，翼以石栏，南北构亭，翰林学士虞集为记。明弘治、成化间屡修，万历六年巡按都御史庞尚鹏重砌石栏。

○洪山桥：在西安江口，间为石梁，明成化间造，佥事章懋记，水门20余，其七门当冲流善崩，屡修之。万历六年，都御史庞尚鹏重治水门，造屋其上，36年毁，38年重造。

十四门桥：在招贤里，叠石为桥，疏水凡14道。

万安桥：在西门外接亭铺之北。宋绍兴七年造。当冲流。明正德、嘉靖、隆庆间屡修之，作亭其上，万历37年圮于水，38年重造。

霞光桥：在桐口，水急善崩，屡砌屡圮，已酉洪

20×20=400（京文）

500

141/45—46

第　　頁

水衢坛，天启间郡人观察使曹学佺募缘重造。

此外有：棠上、句桐、通关、龙翼、伏虎、钓鳗、跳鳖、蹬桥、奉真草参、九仙丝莱、洑侨、髻苗、宜秋丰常、金斗、魁星、地藏、丁板、杜韵、凉伞六桥等桥。（余略）

2/ 古田县57桥 141/46

劝农桥：在县西，元时造。县令旧于此劝农，明景泰间重造。

〇 沉字桥：在41都。旧造桥时有神童过而题之，语字笔势，其迹造在桥梁间，若沉入西石子去，故名沉字云。

松岩桥：在43都，旧地于水，嘉靖三年都民募造。万历26年知县刘日旸捐俸重修，覆屋其上，益壮胜前。

此外有：梅溪、莹玉、凌桥、鸣玉、宝坑、包地、天宇、喜雨、龟头、岩口等桥（余略）

3/ 闽清县五桥：度仙、龙体、墨口、龙爪、罗公等桥。（余略） 141/46

4/ 长乐县47桥：沛浦、中桥、勇桥、行相、通水、单桥（余略） 141/46

5/ 连江县25桥 141/46—47

通济桥：在县城南跨鳌江，叠石为梁16间，长50丈，宋政和间造。

〇 天然桥：在兴惠里，石跨两山，下通水若天然者，故名。

20×20=400（京文）　　501

141/47—57

第　　页

此外有：美段、金鳌、财桥、升龙、安利、龙门（全写）

6/罗源县21桥：后张、沈厝、兴龙、起步、皇濠、险桥、迎缨 141/47（京）

○险桥：在松岭里，嘉靖间造，下有深潭，岩壁高险，傍有神龙古迹。

7/永福县10桥：宜机、段机、越峰、叠竹口、花林（全写）141/47.

8/福清县31桥：龙首、流桥、先忠、波洋、玉釜、王钱、白马、士林、洋子等桥（全写） 141/47.

福州府祠庙考　永乐大典　第1040卷　第141册　（府志）

（本府）到殿祖庙：△在使君桥之北，陈姓一门以贞义自持，役献为良僕，舆择患，捐兄不去，宋时累封为侯。141/65

留赉祠：△在万岁桥西，隆庆间建。

报恩光孝寺：△在时升里，宋崇宁二年建于浮桥之南，危亭百级，俯瞰先入户，真江南之胜也。——141/56

玉泉寺：△在万岁桥西，唐建，宋景祐二年重建，有荔枝轩。141/67

金山塔庵：在洪江之浒，有一小阜，砌石为桥以达于庵。141/57

福州府艺文　永乐大典　第1042卷　第142册

20×20=400（京文）

502

142/10—16

第　　　　页

永济桥记	（元）林仰節	142/10
游鼓山记	（元）吴海	142/11
宿天泉阁（诗）	（明）徐熥	142/13
题汉巖（诗）	（明）徐𤊹	〃 〃

福州府部杂录　职方典，第1044卷　第142册

（淡壁名胜城随笔）出南门20里曰南台，长桥跨江，奔涛触石，舳舻鳞次，自此数十里间，居民栉比，颇见繁盛。142/15

（王世懋闽部疏）由福之南门出至南台江十里而遥，民居不断，桥跨江中，垒石址之，艤舟鳞次，亦一胜处也。……142/15

福州府外编　职方典　第1044卷　第142册

（蓬窗纪闻）永福下乡有农家子姓张，以采薪鬻钓柄为生，乡人目为张钓柄……因象为偈人，号为张坚者。游邑中，善以造高盖不种，富家择金相充一一偈笑云：只两好事，不种米，出通判，不种金，出状元。……142/16

20×20＝400（京文）

503

福建泉州府部

142/18—26

第　　　　頁

泉州府山川考　职方典1045 1046 1047卷　·第142册　（府志）

（本府.晋江县附郭）石塔山：在龟山西一里，在石笋桥南。其山从脉至麓乃一大盘石，与江相接……142/18

洛阳江：在府城东北20里，实晋江惠安二县交界之江也。群山连延数百里，至江而尽。昔唐宣宗微行览山水胜概，有叹如洛阳之语，因以名江。宋皇祐中泉守蔡襄跨江为桥，曰万安桥。142/19

笋江：有石壁障水自花溪来……合永春安溪之水出金鸡桥，由黄龙横东流至石塔山为笋江。宋皇祐中郡守陆广造舟为梁，曰浮桥，绍兴间僧文绘始造石桥。142/19

浯江：自笋江东流至德济门为浯江。宋嘉定间，郡守邹应龙架石为桥，以其近于石笋桥之东，曰新桥。自黄龙江下笋江浯江，总名曰晋江……142/19

（南安县）象运山：在县西，山形高大，其状如象……东有地浚岩又名佛溪岩，有桥亦名佛溪桥—142/21

（安溪县）横山溪：在感化里……（明）宣德乙卯里人造石桥下寺，景泰五年李相重修。142/25

（同安县）西溪：按县志在县西门外……旧志云：西溪会处有铜鱼金东二石，为水口雄镇，故桥名铜鱼，馆名金东，朱文公为之题字刻石，俾无现也。—142/26

504

142/33-34

第　　頁

泉州府关梁考　　職方典第1048卷　　第142册　　(府志)

1) 本府(晋江县附郭)67桥　　142/33-34

通淮桥：在府学前河东抵通淮门，二桥联络跨河。

临漳桥：即临漳门内，三桥联络抵府学前。

万安桥：在38都洛阳江，宋蔡忠惠公襄造，长360余丈，广一丈五尺，左右翼以扶栏，為南北中三亭，自为记，手書勒石，桥下今居民种蛎固之。永乐戊子守胡器修。旧址低，潮涛石没，宣德中守冯桢令郡人李俊育、僧正淳增高三尺。景泰四年桥梁断其三間，守刘鍇修之。嘉靖29年守方克修，隆庆元年守万庆再修，仍嚴取蛎之禁。万历35年地大震，桥梁圮，址复低陷，守姜志礼大修之，桥以南委晋江生员秦仰恩，桥以北委惠安人光禄署丞李呈春、生员張翰丞董其役，蔡公祠扶栏楼亭壮观于旧。

石笋桥：在临漳门外笋江，旧以舟渡，宋皇祐初守陆广造舟为梁，名履坦，俗呼浮桥。绍兴30年僧文会始作石桥，长80余丈。

巨济南桥：在通济桥西，景泰七年里人王叙济林继建，长18丈。

20×20=400(京文)

505

第　　页

○顺济桥：在德济门外笋江下流，旧以舟渡。宋嘉定四年守邹应龙造石桥，长150余丈，翼以扶栏，以其造于石笋桥之后，俗呼曰新桥。明朝成化、嘉靖间守徐源、王士俊重修。

√御亭桥：在35都，元至正僧法助造。

√下辇桥：在35都，元至正僧法助造。凡620间。洪武中桥南倾12隔100余丈，参政李庸、守金宜浩命道士林正宗、里人黄胜生募赀继入田中，首尾相续，行人赖之。

○吟啸桥：在30都白石，九十九溪之水出清源陂，历大桥及临江斗门，经此达烟浦埭抵蹈石六里陂入海。唐日映禅师架为梁。宋咸平中里人王孝及僧行津始为石桥。欧阳詹尝吟啸于此，故名。

√结砖福利桥：在29都济头里，99溪之水历吟啸桥者经此达烟浦埭六里陂入海，元大德间僧法助造。

√通南桥：在29都通南里。99溪之水历吟啸桥东分一支至陈埭西斗门经此。宋绍兴间司户王元造，元大德间僧法助重造。

陈翁桥：在29都茅板里前头里文笔，99溪之

20×20=400（京文）

142/34

第　　页

水陆诸溪福利桥者经流其下达烟浦埭六里陂入海。宋绍兴间建，俗传陈洪进筑陈埭并造此桥，故名陈翁。

√苏埭桥：在29都苏埭里，99溪之水分一支流苏埭者经流其下。桥凡四节，长2400余丈，宋绍兴间僧守徽建

古陵桥：在三都，长17丈，桥下溪水发源于罗裳山，其流达烟浦埭，宋绍兴间建。

吴店桥：在27都，宋淳祐间蔡常卿建。凡40间，并筑石路170丈。

安平桥：在八都安海港，晋江南安之界。旧以舟渡，宋绍兴间僧祖派始筑石桥，守赵令衿成之。长811丈，广一丈六尺。

东洋桥：在八都安海港东，长660余丈，广12尺余。

龙津桥：在41都，长27丈，宋绍兴间建。

长溪桥：在41都，长26丈，宋绍兴间建。

√仙溪桥：在四十二三都，元僧道著建。

√安济桥：在四十五六都大帽山左，宋庆元间僧了性建。

√康溪桥：在四十五六都，溪石峻激，不容舟楫，

20×20=400（京文）

507

宋大观间僧绍傑造。

√濠溪桥：在四十五六都，宋乾道间僧宗爽造。

√金鳌桥：在47都宋乾道间僧继耕造。

√龙津桥：在47都，宋淳熙间里人彭映僧自昕造。

√清风桥：在25都宋僧道询造。

√甘江桥：在23都，宋元符间僧惟应砌石为路20里，桥三：曰苏埭，曰林浦，曰高港。

√玉澜桥：在23都跨海长千余丈，宋绍兴间僧仁惠重修。

√裴陵桥：在19都宋皇祐间僧法超造，长80丈。

普利大通桥：在19都，宋绍兴间给事中江常造，长200丈。

√登瀛桥：在19都，一名回龙，宋僧道询造。

√龙尾桥：在33都，宋宝庆间僧员光造，垒石路百余丈。

√玉京桥：在33都金峰间旁宋嘉定间道士黄志华造。

√梅溪桥：在一二都南北二溪，派自南安县弥陀、梅花二岭，至是会而为一，经梅溪桥抵清泽陂，出小桥大桥，长50余丈，宋绍兴间里人苏欣造。

（京文）　20×20=400

142/34

第　　　　　　頁

此外有：泉山、青溪、鼓口、清龍、湖柄二桥通月(余略)

2/南安县26桥　　　　142/34—35（京文）

金鸡桥：在一都九日山下。宋宣和中邑人江常造浮桥。嘉定间僧守静始造石桥，长100丈有亭，上構亭屋。后水决其半，僧惠勉重修。永乐元年毁，成化十年守徐源重造。18年亭坏，守陈冠修。弘治六年坏，守李哲修。正德四年毁，万历十年佥事王豫议开溪引水，析桥地为堤地，坏过半。万历21年知县蒋好京累基架木为桥，长100丈有亭，覆以亭屋，南北造两石坊，额曰：虹跨地轴，龙见天衢。

從龍桥：在县西北16都。宋初僧不晴架木为桥，元祐初僧善冬移45步叠石成之。

此平桥：在县西南33都。宋绍兴间，里人翁辅造，长百丈有亭。

化龍桥：在县北七都。宋淳熙间里人黄懋造。桥左有潭曰弓潭，相传有龙去，故名。

上陂桥：在县33都。陂有两港，潮汐通焉。桥跨港上，旁皆平田沮洳。宋开禧间，僧行傅于田中砌石为小桥以续，长130余丈。

厳浦桥：在县二都。宋初造，嘉熙间僧宗祐修。

20×20=400（京文）

509

142/34—35

第　　页

云泮桥：在县三都县学之东，宋嘉定间知县王彦造。明嘉靖28年知县詹莹移在学前之左，筑为长桥，其状如龙，向黄龙江而出。隆庆二年同知丁一中于桥南筑亭以象龙首，名其亭曰见龙亭。

√泸溪桥：在县北18都，元大德间僧法盼造。

√云梯桥：在县北九都黯岭下，又名登云桥，宋淳祐间僧明照造。

√镇安桥：在县南39都，又名安平桥，宋淳熙间里人杨春卿始造，明洪武17年僧智宗重造。

√蝈通桥：在县西30都，宋嘉泰间僧广德造。

√象头桥：在县西五都，一名小溪桥，元至正间僧穷之造。

√郭桥：在30都，元大德十年僧询道造。成化间里人李尚德、尚荣造亭于桥左。

珠湖桥：在县25都，旧名乌港桥，下溪水清莹如珠光，故名。

√龙修桥：在县28都，宋开禧间僧守净造。

此外有：大星、东安、竹溪、春利、惠泽等桥。（余略）

3/惠安县20桥　　142/35

琼田延寿桥：在县东二都，宋时造，长二里许。

20×20=400（京文）

510

142/35

第　　　　頁

√青龍橋：在县東34都峯峙山下，宋宣和间僧道詢造。凡县中諸水若菱溪驛坂龍津之会于峰峙港者皆出橋下，北流至輞川入海。

○瀨窟嶼橋：在25都大海中瀨窟嶼之北。宋开禧僧道詢将建于此，有道人与語作橋，詢以風波辞。道人云：汝若作念，何橋不成。道詢遂率徒成之，潮至橋沒，潮退可渡，至今称便。

√大拓海匯石橋：在县南23都元至元间僧法明造。

√馬山橋：在22都，元至元间僧法明造。

輞川橋：在县東34都輞川上村，潮汐出入，旧以舟渡，成化21年知县張檟始造石橋50餘丈。

此外有：躍津、先量、得仙、大桂、白水等橋。（余略）

4/德化县三橋：龍津、化龍、西关　　142/35

√化龍橋：在县東，宋熙寧间邑人薛唐卿造，長33丈，后圮，明弘治二年里人林宗源重造，嘉靖七年燬，13年黄大球重造。

西关橋：知县胡繼主造。嘉靖40年，蓮壺賊呂尚四作乱，知县張大綱燬之以絕賊路。

5/寧溪县八橋：西洋、大宇、（余六橋见下）

龍津橋：在县南黄龍渡。宋庆元间知县趙師

20×20=400（京文）

511

142/35-36

戬造，石址木梁，长68丈，后圮。天顺四年，邑人李森修之，又圮，艤舟以渡。万历29年知县廖同春就于下流东岸造浮桥舟20余艘。万历35年知县王贤卿仍于龍津故处造舟20余艘自为东西二桥，往来便之。

凤池桥：在县西上坊渡。宋开禧间知县杨绳祖造，嘉定间知县陈宏成之。桥接凤山故名。又号为上橡桥，龍津曰下橡桥。

√双济桥：在崇信里，宋时清水大师造。

√谷口桥：在崇善里，一名佛口桥，宋时清水大师造。

√西溪桥：在永安里，宋淳熙间僧全一造，嘉靖六年知县黄怿重修。

√永寿桥：在县东北跨东溪，宋时僧惠清造。今圮

6/同安县13桥：铜鱼、饮亭、学溪、石狮、太平（全见下） 142/35-36

东桥：在城东朝天门外，跨于东溪，长52丈，通水八门。

西安桥：在城西厚德门外，长百余丈通18门。

黄思渡桥：在城东南十里许四都同禾里，152间，宋元符间造。

√达川桥：在90都宋绍圣间僧智礼造。

通济桥：在民安里十都，宋时造，长189丈。

20×20=400（京文）

512

142/36

第　　　页

√宏济桥：在翔凤里15都，宋建隆间里人叶说造，长一千三百丈有奇

○沙溪异石桥：在安人里15都，溪多积沙，植桂易坏。宋乾道间里人方文修筑土得异石断而筑之，故名。

7/ 永春县58桥　　142/36

△西门东岭桥：在县西门义烈祠后，长20丈。

○云龙桥：在县南，通邑要路。宋绍兴间知县林聘造，弘治五年火，嘉靖八年知县陈瑀造。嘉靖30年知县罗汝经重修。万历40年知县夏忠累石架木再修之，长三十余丈。

西坑桥：正德七年邑人陈庸造，长十丈，有亭。

√横口桥：在横口溪，元至正间僧云海造。

黄沙水口桥：长十丈，先圮，正德十一年知县饶经重造。

√登龙桥：土呼汤头桥，在汤洋村之东，长13丈，有亭扁溪山第一，成化四年邑人尤荣华、吕樸造。

√漈溪桥：在悍坂村东南，宋嘉熙间僧月海造，今圮。

↑通仙桥：即东关桥，去县20里。宋绍兴间，知县林廷彦造。长25丈。弘治三年，里人颜朝重造石桥，

20×20＝400（京文）

513

142/36—68

代木为梁，正德三年朝守时静复砌砖为路。万历27年溪涨桥毁，知县袁一阳重修之。

√龟龙桥：在县西20都龟龙村，长29丈，宋绍兴间僧法师募众造。

金龟桥：在县北黄田村界十八九都，宋绍兴间造，长28丈。

登瀛桥：在县北19都仙溪，宋淳熙间，邑人黄继之造，长19丈。

√鱼魁桥：在21都溪口，宋绍兴间僧自云造。

柔驷桥：在二十一二都排源村，宋绍兴间魏子美造，今圮。

此外有：化龙、来德、下炉、下宅、仙华、黄大、高篱、芳林、琵琶、白叶、潮头、青锦等桥（金华）

泉州府祠庙考　职方典1050卷　第142册　（府、县志会载）

（本府）蔡忠惠祠：在郡东洛阳桥南，祀宋郡守蔡襄。142/41

（惠安县）昭惠庙：在万安桥北。蔡忠惠作桥时即造此庙以奉香火。142/42

泉州府古迹考　职方典第1051卷　第142册　（府志）

（本府）都税务：在镇雅坊街东，咸淳八年造。税之日

20×20=400（京文）

514

142/48—56

第　　頁

有七曰：门税、市税、舶货税、丝帛税、猪羊税、浮桥税、外务税。…… 142/48

✕蔡忠惠公祠：△有洛阳桥记，出公自笔，大书刻石，树于祠厅事中，至今摹之流传海内。 142/48

(南安县)都巡寨：按通志在县东三都潘山，宋绍兴间置。元至顺间徙于卢溪桥……今卢溪故地尚存。 142/48

(永春县)清和堂：在县治内堂后，飞虹跨水，四面莲塘，桥东有多暇亭，亭外为平远台，宋令江公望建。 142/49

泉州府艺文　职方典第1051、1052卷　第142册

篇名	作者	册/页
万安桥记	(宋)蔡襄	142/51
游菱溪记	(元)卢琦	142/52
惠安县辋川桥记	(明)蔡清	〃 〃
晋江桥纪事(诗)	(宋)王十朋	142/55
龙津桥(诗)	(宋)陈宓	〃 〃
将归留宿云津阁一首(诗)	〃 〃 〃	〃 〃
紫帽山(诗)	(明)傅鑰	〃 〃

泉州府纪事　职方典第1052卷　第142册

(宋史)蔡襄传：✕襄徙知泉州，距州二十里万安渡，绝海

20×20=400(京文)

515

第　　　页

而途往来甚艰险，蹇之石为梁，其长360丈，种蛎于础以为固，至今赖焉。又植松700里以庇道路，闽人刻碑纪德。 142/56

（八闽通志）嘉靖37年四月……倭分二支，……五月初三日至郡城石笋桥，城中闭守二十余日。贼复攻永宁城不得入，乃去。 142/56

38年五月倭复寇郡至石笋桥，焚民居，城中闭守，乃从乌石南去。初五日又至石笋桥……复至郡城南新桥……贼竟排桥门至半桥—— 142/56-57

39年正月，倭寇入南安、英山当处，三月又一支至溪美、嵘崙焚劫，四月至半桥，焚屋杀人……142/57.

泉州府梁志

（八闽通志）（宋）仁宗朝蔡君谟知泉州，筑洛阳桥。先是君谟为闽部使者，夹道种松以蔽炎暑…… 142/57.

（陳懋仁泉南杂志）

万安桥乃宋蔡忠惠公所造，世谓洛阳桥是也。落成，公自为记曰……… 142/57.

○盘光桥：自洛阳桥东接凤屿，屿在江中央，上多腴田，稠民居，旧有石路，潮落路出，行者病之。宋宣和中，僧道询募资作石桥，长四百余丈，广一丈

20×20=400（京文）

516

142/57—58

第　　页

六尺。此蔡端明所造洛阳桥长多四百余尺，阔多一尺，世知洛阳而不知枫亭者，盖以人重也。142/57

(王世懋闽部疏)闽地既高蛊，其神或作小蛇毒人，有不能毅者，独泉之惠安最多80里之间，此不能过枫亭，南不敢度洛阳桥，云蔡端明为泉州日，捕杀治蛊者几尽其妖，至今畏之。以桥有端明祠，而枫亭仙游属，端明即仙游人也。土人之严事端明如此。142/58

洛阳桥一名万安，大江中五里，石梁虹卧水上蔡端明真神人也。近南岸一山皆大石，偃乱叠城其上而接之，为铸甚固，使不能过洛阳之南。晋江虎渡二桥亦称钜丽。142/58

吴中夸风有石梁，若令见万安桥，必吐舌，亦犹闽溪中篙师，不知吴楚间有万石樯舰也。142/58

20×20=400（京文）

517

福建建宁府部　　　　　　　　　　143/5—19

第　　　頁

建宁府山川考　职方典第1052卷　第143册

(瓯宁县)紫芝山：王审知据闽时是山产芝，其地有紫芝岑。宋朱韦斋尉政和尤溪二县时作环溪精舍，携文公来往于此。文公读书画卦，即其地也。前有桥，桥上有寺田方广，正德间改立精舍，仍名环溪，以祀韦斋。143/5

云际山：……山麓有开元寺，晋太康中建……天顺间後建丹青阁于寺左半山之阿，驾桥以度。143/5

石桥洞：高峰环抱，石壁峭立，旁有游憩者庵—143/6

(建阳县)童子山：旧传宋绍兴间重修拱辰桥落成之日，有七童子来游，俄飞升去，故里名同游而桥今名同由。文公辞官次潭阳寓芝桥之上，今学宫地在此山下。143/7

(崇安县)百花岩：在德星桥右，旧多花草，昔人游赏之。143/12

(松溪县)回沙：在政平桥东放生池上，相传回沙则坂士人首荐。宋时沙回者四，而李择、吴巖夫、李扶、叶元嗜多荐居首。143/16

建宁府关梁考　职方典第1057 1058卷　第143册　(府志)

1) 本府(建安瓯宁二县附郭)194桥　143/19-21

20×20=400（京文）

518

崩溪桥：在南山口，明洪武21年僧宗森造。成化四年郡人指挥杨泰因旧址而大之，石址木梁，桥亭九楹。

大宝桥：明洪武六年僧正善造。

隆源桥：在冷水寺前，明永乐十年僧本性造。

雲際桥：在際上，明弘治间里人洪钟捐石为之，嘉靖间乡人募众造亭七楹以覆焉。

刘八桥：宋郡人刘御造，故名。

南乡桥：宋时造。郡人侍郎袁枢未第时常题诗于上云：玉龙倒影挂寒潭，人在云霄天地间；借问气谁题柱去，茂陵词客到长安。袁后两以词赋夺魁。元至正16年里人重造，石址木梁，有亭七楹。

筹岭桥：在上村，明洪武17年僧果圆造。

新桥：在下洋，明永乐间僧正圆造。

双溪桥：在里之玉山，明洪武三年僧福海造。

普济桥：在古宅，元至正元年僧橘隐造。

龙潭桥：明成化14年，僧善坚重造。

龙莲桥：在龙莲口，即古川石渡，明洪武30年僧春谷造，石址木梁，亭五楹。

顺母桥：在纯孝坊上西，宋孝子洪禧之。

通都桥：在平政门外，亦名平政桥，旧为浮桥。宋乾道初，郡守陈俊卿始累石为址，架木为梁，而覆以屋。历宋至元兴废不一。明洪武元年指挥沐英重造，凡为址十有一。永乐14年坏于水……清（顺治）18年五月洪水决去桥梁，仅存址堤，权设浮桥以济。康熙五年知府姚商昌率属重造。十年洪水复涨，桥址倾塌。21年建安知县张大典、瓯宁知县张世伟为造浮桥以济，一时便之。

√七星桥：在府城广德门外，旧有浮桥通溪南，元至正25年佥知陈募众为石桥。桥分二溪，水涨桥断。明万历壬寅知府朱汝器委经历王在宽换石垒，仍用石构中道。37年水崩，知县马名昌重修，又水圮。康熙22年建安知县张大典修。见艺文志。

道源桥：在光紫坊屏山祠前。桥地承众溪水，稍长即漫过桥上，见摧塌频费修葺。旧有小桥跨涧，明天顺间知府刘钺重修，上覆以亭，揭以今匾。

桂香桥：一名七星桥，在威武门外西镇头。桥当西溪之冲，小松溪水又复经之，屡见摧。清康熙37年，瓯宁知县邓其文捐俸修治，又建庵于桥西岸，种橡林于沙洲以憩行旅。

143/20—21

第　　頁

衢口桥：在衢口，明洪武25年僧静空建。弘治三年邑人县丞范亮募众重建。今为曾公桥。

旌文桥：宋庆元间里人童颐建。尝梦其里树旌文坊，既而李以从龙以元年钦乡荐而桥适成，因以旌文名桥。

联芳桥：宋元祐间里人滕安世兄弟皆为迪功郎，故名。

寨头桥：在寨头，元时僧觉性建。

连墩桥：元至正14年僧至顺建。

望孝桥：五代周黄间生建，以桥近父墓故名。

义桥：在井窠，明初建。里人士设放生池，延溪数十丈，禁止網罟，桥改今名，溪曰仁溪。

古稀桥：在叶墩，水尾里人李棋建，时年70因名。

余何桥：在余山林坊后，康熙30年建。

此外有：泳泽、归相、吉史、数锡、响山、附凤、集木、坤中、龙潭、陞华、威武、黄口、道通、花地、井窠、黄道、大梨、青天、小夫等桥。

2/ 建阳县56桥　　143/21—22

朝天桥：在县治正南门外，旧名濯锦南桥，宋绍兴间建。……隆庆辛未又毁，知府邵康行县重建。

521

143/21

第　　页

万历丁亥又徽近城一步，乡官傅国珍姜化重造。

拱辰桥：又名周由，在县北门外，旧名泽锦北桥，宋绍兴间主簿宗翔重修，更名清祐。明洪武九年主簿傅英重修，更今名。……（万历）己酉地子水，乡官傅国珍倡造。清顺治18年水，康熙三年重造。

浮桥：在县治东津，明洪武间，学士曹藏捨田二顷82亩充修葺之资。……嘉靖间知县汤继科重修，中作高桥一座，以通舟楫……

驻锡桥：在莲源，宋宝庆间造，白玉蟾书扁，去治日里。

般若桥：即坑桥，至顺间道士张云崖造。

朱阳桥：在巍城。元至正九年里人李致造。朱文公葬长子于此，故名。

云衢桥：在书坊，宋时造，蔡沈书扁，谢枋得诗：长虹跨陆登云衢，会同四海同车书。

状元桥：在书坊西，明景泰三年重造，因叶齐状元故名。

紫阳桥：旧名濯缘桥，在嘉禾里，宋庆元间造。以缘通朱文公巷改今名。

五福桥：在三桂里水南仟庙下，果接水东八

20×20＝400（京文）

522

143/21—23

角桥。明万历辛丑知县郭时亮同邑人傅国珍、袁本偕建。石址木梁，高三丈许，泄水13道，覆屋75间。37年为洪水所荡，墩屋尽圮。

V 福仙桥：在葭头，明永乐六年僧正果建。

此外有：华桥、瀛洲、北山、会文、武陵等桥。（余略）

3/ 崇安县104桥 143/22-23

△ 聚奎桥：在县南门外，旧在宣化坊左。宋时桥东有中丞翁彦约、枢密刘珙所居在焉，故名昼锦，又名旌忠，后圮于水……清顺治九年毁，康熙21年知县金章捐俸重建，改今名。里人黄钰秀诗云：断崖春水带农桑，几度行人数夕阳；赖有济川舟楫手，沿溪古木尽甘棠。

V 拱辰桥：僧玉山重修。

继祖桥：俗呼第三渡，旧名惠政。宋赵必愿之祖汝愚帅闽日尝寓田里仁。后必愿归领于闽，遂出此桥，改今名。

阇利桥：旁有石如阇利子故名。在周村里。

V 沿水桥：在虎桥之外，僧主明重建。

广福桥：在治北门外，通大浑、石雄、吴屯诸里，古名德星，后改济川，又改慈济。宋端平间建于邑侯章端子，后废，仅余石址。成化壬寅致仕官江聪

20×20=400（京文） 523

143/23

第　　页

彭倕、江轩、曾民、张镛募金复造，甃石護尾，计石墩七座，屋35间，后毁。康熙七年邑侯章尚忠重造。

青云桥：在治东门外，古名进贤桥，通永丰、上梅、下梅、从籍、五夫诸里，东当近翁武举刘振岳居，故名昼锦，又名忠旌，后圮于水。明崇祯间，邑侯叶世埏再造于毓秀门外，规制如昔。居民以此为市货之所。顺治九年又毁于贼。康熙八年知县事门可法捐俸鸠工，劝募建造，康熙九年五月告成。

○虎溪桥：在瑞岩院松门外，旧名宵唐，辟支，古佛尝于此伏虎故名。

○冰浴桥：在虎溪桥之外，古佛尝扣冰浴于此，故名。

√扣冰桥：扣冰禅师造。

此外有：德星、望星、忠孝、伯石、冠盖、古楼、虎鼻、卜空、舍人、武惠、存心、钓月、半塘、芹桥。（余略）

4/浦城县76桥　　103/23—24

○南浦桥：江淹别赋送君南浦即此。在县治南阳，旧名县南桥。宋庆历中知县李上官端仪造，又呼为上官桥……（明）万历20年邑绅徐继贤重葺新之。

√万安桥：在金凤门外，旧名清进桥。明洪武中

20×20=400（京文）

524

143/23-24

第　　頁

道士郑允石募造。宣德中僧善宁募众重修，火。成化中知县钱恒，主簿吴良令义民张文行共募众改造。嘉靖七年，知县陈思谦令耆民张世坊共募众重造，更名万安。

√三里桥：在拱北门外，明洪武15年造，景泰四年知县何倹重造。成化14年知县张晒增修。嘉靖19年僧戒隐偕弟张一仕重造，砌官路自北门外至湖山塘。

√临江桥：在临江镇，明正统12年僧善义募众造，后圯于水。嘉靖七年，里人王磐共募重造。

乌桥：明正统十年知县甘棨造，嘉靖五年里人周允谅募造。万历32年圯于水，谏孙周凤周松重造。

√双庙桥：明宣德五年知县周原庆造，后圯于水。正德五年，僧宝找募众重造。在高泉里。

○锦江桥：在大石溪，宋米文公书锦江二字于石壁，墨迹犹存，后造桥名锦江……今废。

√永济桥：原名古湫，后名万宁，横跨古湫潭上，元时造。……（明）正德14年，邑人沈守真募众重修。嘉靖间邑人梅瓘、僧戒瑞增修。清顺治四年寇毁，知县李葆真重造，改今名。

20×20=400（京文）

525

143/24

第　　　　　　　　頁

√下汶桥：明永乐15年知县陈瑄建。岁久圮，景泰三年僧道员募众重建。嘉靖四年仍圮于水，邑人吴贵芳复建。(在登云里)

下洋桥：在新岭下，明成化14年士僧孔硕庭甃石共七洞。

√朴树桥：明洪武三十年建，景泰四年僧善行募众重建。(在太平里)

√祖源桥：明洪武11年间建。景泰四年僧善行募众重建。(在太平里)

√浦湖桥：明永乐间僧张瑞敏造，改名丰年桥，圮于水，崇祯间知县杨鹗、举人梅彦骥重建，在太平里。

√顺政桥：在通德里，明弘治八年僧致良募众建。

大通桥：两山高峙，其桥无虑来者。……弘治八年知府刘玙经此，值山水陡涨几危，里人丘容募建，刘去，张宏继成之。仍于桥隙地立庵三楹，召僧居守，岁签桥夫二名。

○桂林桥：乃元节妇徐彰蔷投湖处。节妇死有诗云：惟有桂林桥下水，年年照见妾心清。久废，明嘉靖六年里人尹芸重建。

√峰岭桥：在峡尾西，明宣德间僧产中募建。

20×20=400（京文）

526

143/24—25

第　　頁

此外有：迎远、大官、高岩、人尚、余田、等觉、搭仙、镇仙、石碑、王平、人力、翁八、马西、羽林等桥。（余略）

5/政和县24桥　143/24—25

星溪桥：在县南，宋时建，名县前桥，元至正间邑人范阅重建，改名德政。明……万历27年知县车鸣时扩易以石，37年又圮于水，知县杨起龙重建。清顺治五年署事通判侯拱乙重建。

岐岩桥：两边崖险，传为仙人造。

观党桥：旧名都岭桥，乃元政和尉马哈麻剥名八里迷失之所。明天顺间邑人张惟信倡善资重建。

此外有：天香、周弄、凉伞、朝天等桥（余略）

6/松溪县80桥　143/25—26

惠政桥：在县治南门外。宋绍兴间邑人李知要、李自南造，名平政桥，后圮，僧圆瑞募众重建。淳熙丙午又水，邑人刘符倡复之。淳熙乙巳李授之增修并园，乃请郡人徐清叟题书惠政。……嘉靖辛酉流寇犯境，列营桥东，众恐寇乘势，乃焚桥以守。隆庆丁卯，杨普惠偕其子相独力捐资，下葺六址，上备阁道，至于水东关地筑台而日揽月，环竖楼橹以为桥卫。知县黄钧扁曰普济。万历17年火，

20×20=400（京文）

527.

知县谌士晚会督民陈时孙等募造，民德之，就其址祠谌，易名万晚，后燬。清康熙11年知县董良樌架造与墩，更名今名。16年，知县马雄偕捐俸盖屋30间，名曰广荫。

永镇桥：即永泰桥 在县治南门外，旧名关口桥，宋嘉定间县令何宗楼造。……（明）正统二年，风节之就石址复造，覆屋十余楹，呼为新桥。弘治间黄仁缴.杨恩玉等重造。

√独石桥：在县东，明洪武间僧李祥募造。

西山桥：在县治西北门外，明隆庆元年节妇杨门陈氏独造。

√中峰桥：明洪武九年僧有铭造，永乐15年僧志清重造。

√化龙桥：明洪武31年僧有铭募造。

√长濆桥：一名通霄桥，元至正三年邑人龚得甫募造。明嘉靖15年，邑人陈腾等募众重造，万历己酉圮于水，庚戌年募妇董氏重造。

√杉溪桥：宋邑人李思造，造岁未燬于火，明洪武15年僧翁肃募造，后废……万历己酉水，亭址荡废，知县刘一爝劝义民叶锺瑞等募造。

143/25—26

第　　頁

√钱圃桥：旧废。明弘治17年僧善庆募建。

√会春桥：在延至坊，明洪武三年，僧永寿募资建于故址。

（三年）

√庆阳桥：县志作庆源。元至正间建，明宣德间僧正圆修。

√溪东桥：元至正三年巡检毛明建，后毁。明正统初僧正圆、邑人严敏募建。

√黄堰桥：明洪武30年建，正统九年僧正圆募资重建。

△坡塘桥：在县东门外，明洪武中邑人范文正建。清康熙辛亥，诸生陈又赉募建，中为汉寿亭侯祠，更其名曰武宁。

关镇桥：即大西门浮桥，以其为松城锁钥故名。清康熙戊辰，邑人江溥募建浮桥，瓯宁县义民林国宇捐铁六千五百余斤以镕铁缆，併给工匠，共计助银100余两，近募葺未竣。

√船坑桥：元至正五年僧有通建。明永乐九年魏宽成重建。

○一宿桥：元至正25年道士薛居州、邑人范文正建。宋益王经此一宿故名。

√化龙桥：明洪武17年邑僧李祥募建。

20×20=400（京文）　　5.29

143/26—34

第　　页

√大仙桥：明洪武30年僧李祥募造。

√南山桥：明洪武20年僧李祥募造。

此外有：西山、恩报、师姑、集士、聚宝、万石、梁桥、凌清、黄滨、铁骢、高路、龙首、岸尾、一口等桥。(今无)

7/寿宁县126桥

√南镇桥：在县南二里，三峰寺僧造。

√大宝桥：在小东下，僧惠明等造。

此外有：子乘、翠屏、坐云、韶华、瑞星、公正、双凤、春兰、成大、深溪、旅泉、春深、归善、衙成、公安、华台、槐阴、欢喜、中流等桥。(今无)

延平府祠庙考　职方典第1060/1061卷　第143册

(本府)宋朱韦斋先生祠△即现溪精舍，在城南紫芝上坊。绍兴间为政和、尤溪二县尉，携子熹侄来官居焉。即熹幼年戏于沙上画卦地，松后亦卒于此。前临双溪，为浮桥通城中，后有僧改造石桥，做精舍为督之之所，名曰桥庵。已而僧广其居曰桥庵寺，后又更名为方广寺。明成化二年仅复其西隅陵地，建精舍祀松。正德十年，提学胡铎始全复其地，建精舍，为堂祀先生于中，而以文公配。今迁南门城内。143/34

20×20=400（京文）

530

143/35—40

第　　页

元叁公祠：△在府前平政桥堍西……　143/35

(建阳县)谢叠山祠：△在城南朝天桥头，公常卖卜于此，故祠祀之。　143/35

(政和县)元陇西郡公祠：△在东里泗洲桥。公姓李名铉，进击福安寨与贼战于泗洲桥，弗克死之，里人祠祀焉。

元关隶伯祠：△在县西都護桥，公名马哈麻剌石八里，回回人，政和县尉，率乡兵拒贼被执，骂贼不绝声，贼剖其腹于都護桥，民即其所立祠祀之。后祠废，典史郭斯垒迁其主附祀忠节祠。

(松溪县)谌公祠：△在平政桥东，祀知县谌大观。公知县事，政尚宽和，又尝捐俸倡建平政桥，松民于是就桥之东立祠祀之。　143/37

德政祠：△在城西迎恩桥左，祀知县刘一燁。……　143/37

(本府)斗峰禅寺：古名黄龙，中有石鼓悬空、松岩挂月、莲湖花艇……八景。唐光化二年……　143/38

开元禅寺：在云际山麓，晋太康中建，俗传为吴孔嵩故宅……寺左有丹青阁，驾桥以渡……　143/38

(浦城县)玉树林：△在西关钓溪桥，万历间建。　143/40

东山寺：宋文肃徐秀能建，子倩思、学思、读书

20×20=400（京文）

531

143/40—48

第 页

于此，明万历间重建，顺治五年修，建于前。143/40

陂头堂：明隆庆五年建，崇祯中僧天童改名接待庵，毛延韵师及知县杨鹤造浮桥于庵前，并建麒麟阁。 143/40

延平府古迹考 职方典第1062卷 第143册 (福建)

(本府)濟川亭：△在平政桥左，宋乾道间建，内有欢风亭，俱火。 143/44

放生池：△初建置不一，后以平政桥濟川亭下两溪会流处为之，后废。今有放生潭三字立碑潭上 143/44

(延阳县)江为故宅：△在三桂里瀛洲桥头，即靖安寺是也。发元定照道州时朱文公饯之于此。今废。143/44

八景楼：△在县治前浮桥巷崇阳门旧址，地有八景，登楼一目可尽故以为名。成化中知县汪律重修。143/44

延平府艺文 职方典第1065卷 第143册

百丈山记 (宋)朱熹 143/46

万石桥记 (宋)袁枢 143/47

重造水南桥记 (明)张大典 143/48

20×20=400（京文）

532

143/51—52

第　　页

延平府部纪事　职方典第1064卷　第143册

(八闽通志)——(贾)似道时寓延平之开元寺……至泉州洛阳桥，遇叶李自漳州放还，李赋词赠之，似道俯首谢焉。十月，至漳州木绵庵，虎臣曰：吾为天下杀似道，虽死何憾。遂拘其子与妾别馆，即厕上拉胸杀之。 143/51

(府志)嘉靖40年八月，流贼夜突至城西。时承平久，民不知兵，平明避贼于通都桥，纷渡，贼焚桥击之。城守七日贼解围去。…… 143/51

延平府部杂录　职方典第1064卷　第143册

(王世懋闽部疏)延平平政桥跨大溪，远望若不甚，近视始见。叠柁柱高甚，上覆视阜。桥下石林立险甚，舆过其上，轰轰怛若霆击，不辨人声。隆庆初，溪涨桥崩，复建为费钜矣。 143/52

533

福建延平府部　　　　　　　　　　　　143/55—144/2

第 1 页

延平府山川考　职方典第1065/1066/1067卷　第143册（府县志合）

（本府）（南平县附郭）西门坑：发源小浴岭下，至回县厨司前石桥下。143/55

（将乐县）仙桥山：山势横截如飞桥然。在富谷都。143/56

桥洲：在县治南将溪之中，三华桥跨于其上，而直抵溪南。143/57

（大田县）夹剑潭：在镇东桥下32都水来会合若夹剑然，故名。143/58

螺旋潭：在桥东，大石屹立潭水旋若螺，故名。143/58

（沙县）试剑石：长约三丈，相传昔仙人尝试剑于此，故名。截为两段，后凿为迎仙桥，至今桥石有肝胆痕。143/59

玉溪瀑：在玉山寺之右，飞流约20余丈。其上有石桥中有石窦如井，名黄金井，在县东三里。143/60

华口银河瀑：在县西23都，飞流百余丈如银河下注，下有石桥跨两山之间。143/60

两瀑：在县西南24都。其瀑高险百余丈，瀑头有桥名福两桥，有堂名曰如意堂。143/60

（永安县）栟榈山：在县治北27都，多产栟榈木故名。……一桥仙桥天池在山之上，广一里许，水隆激石涧。金刚石、宝盖石、试剑石俱栟榈山之奇胜也。144/2

20×20=400（京文）　　534

144/2—4

第　　页

桃源涧：在县北25里……从镜潭桥入，迤逦曲折，涧水潺湲，三月桃花盛开，光景殊绝……144/2

仙掌岩：在梓桐寺山下一里许，名曰万里。迤逦曲折，村落自非人间，小桥流水，磴磴高下。为九姑泉……岩顶小筑明就庵，邑人萧氏画元首创之。中有断桥、戏波、烟封、霞锁廿景，名人多咏及之。14?/2

百丈岩：在县北20里，迤桥陟石磴，岩开一洞，昔马仙姑姐妹五人升仙之处。……143/2

延平府关梁考　职方典第1067卷　第144册　（府志）

1）本府（南平县附郭）11桥　144/3—4

明翠桥：浮桥，在府城东旧延寿门外。用舟38艘列大溪中，而架木板于上以通行。两岸铸铁为索维之。水涨则分系溪岸，则用舟渡。有司编夫守渡，以时修缮。旧制钱粮，弘治间，知府孙衍昌以大舟厚板，可容驷马，民便之。

水东桥：浮桥，在府城福州门外，万历37年北溪，知府倪朝宾重造。

西桥：浮桥，在郡城西水门外。上二桥各用舟32，规制与明翠桥同。三桥俱朽坏，万历11年冬知

20×20=400（京文）

535

第　　　　　　页　　　　　　　　　　　　　　　　144/4

府易可久各新之。

同仁桥：旧名黄龙，成化初毁，邑人太监黄赐潘英以赐金造，俞本仁希周记之。嘉靖初坏于水，知府彭澤造。隆庆间复毁，林梓造，为之记，在府城南共安北里。

吉溪桥：近香里，八闽通津。山坑之水，汹涌冲激，非石造不可久。旧有之而圮，后立浮桥，知府彭澤造，万历40年推官郭维继复筑墩行者称便。

此外有：延平、四宜等桥。(余略)

2/ 将乐县19桥　　　　　　　　　　　　　　144/4

三华桥：在县南附城，通水南城乡要途也。近亭百余间，为墩16。年月姓氏详本县志。顺治四年水覆存墩半坏。九年有术士惑于风水，主拆其墩，墩石激流。十年渡船覆溺，死生员三人百姓30余人。

山阳桥：在安仁七都，有亭20间。

此外有：碕石、通济等桥。(余略)

3/ 大田县19桥：镇东、龙门、仕阳、梯云、马蓝、成口等桥(余略)　　144/4

4/ 沙县30桥　　　　　　　　　　　　　　144/4

○翔凤桥：县治南，宋绍圣间建，但浮桥。明正德13年，同知计宗道督民造石墩13座，亭84间，极壮

20×20=400（京文）　　　　　　　　　　　　536

144/4—19

第　　　　　頁

毁。嘉靖35年水撞其半，万历九年推官卢泮与知府俞（？）督民林廷美等重造，尤为伟壮，太史田一俊为之记。

此外有先双、先故、登平、宝峯、浬泉、（宗）祐、太平、兜西来等桥。（余略）

5/ 尤溪县17桥：玉溪、毓秀、积石、容载、紫芝（余略）144/4

玉溪桥：在土溪门外，旧毁，康熙48年知县刘宗重造。

毓秀桥：△旧名跨鳌，以朱文公生于此，改今名。

6/ 顺昌县24桥：鸿门、沙桥、亨龙、华仓（余略）144/4—5

亨龙桥：亭13间，每年四月八日于此集会以通财货。

7/ 永安县22桥：文昌、武曲、神仙、梅桥、榉桐口桥。144/5

延平府古迹考　　职方典第1069卷　　第144册　　（府志）

（大田县）观风阁：△在翔凤桥南。144/14

延平府艺文　○　桃溪春涨（诗）　（明）林　泌　144/18

虹桥暮雨（诗）　（明）王　瓛　144/18

延平府纪事　（府志）嘉靖39年反兵流劫附近乡。

……知县余一中……复移于水南，筹东西北三隅义兵与战于三华桥，贼中矢死者多，乃引去……144/19

20×20=400（京文）

537.

福建汀州府部 144/22—28

第　页

汀州府山川考　職方典第1071/1072卷　第144册　(府志)

(本府.長汀县附郭)玉女山：在县西南贵15里。旧传王氏女修真所，下有通仙桥。 144/22

鸟鼻石：△在惠政桥齊靈巖也。 ""

(寧化县)南桥嶺：在县北90里，岭势高拱，跨山如桥。144/23

(清流县)金鸟石：△在县東龍津桥畔，与玉兔石相对，今没于水。 144/26

玉兔石：△在县西凤翔桥下，形圆色白，春夏或变青红。明成化间忽墜见底，大有光瑩。 144/26

渔滄潭：△在县龍津桥南，三潭相连，深不可测。144/26

東峰泉：△在县公庙后五里，地名渔滄坑，泉流宛[漯]甚美玉龍。有伍姓者鑿巖为池，接竹引之度龍津桥，以便人汲。 144/26

(归化县)儒冠石：△在县東南20里石衍太平桥外，巖若儒冠，里人名为秀才石。 144/28

门槛石：△在县東20里衍溪太平桥外，沿溪夹峙里许，水從中流，状如门槛。 144/28

仙人井：△在县東20里石衍村太平桥下。144/28

20×20=400(京文)

538

第 页

汀州府关梁考　《职方典》第1073卷　第144册　（府县志合）

1/本府（长汀县附郭）24桥　144/31

惠政桥：在济川桥东，五代时名济川桥，宋初重建，改名惠民。绍兴间圮于水，郡守张昂重建，郡人因呼张公桥。

常丰桥：在朱紫坊，状元王一夔扁名。正德间知府唐淳建，后圮，知府邵有道重修。

新桥：在归阳里，知府逯崇模建，屡有修废。崇祯间知县薛名聘重建，扁以"汀水上游"。

此外有：山川、兴云、鸳鸯、广济、清光等桥。（余略）

2/宁化县30桥　144/31

寿宁桥：旧名平政，宋元丰间知县江渊建。……明天启五年知县彭际馨于两桥头始成列屋46椽，年收租13两有奇，以备修葺，中建二亭祀观音元武，首尾各竖坊表，颇为壮观。崇祯五年大水，人窝桥死者以百计。13年知县徐日隆建，易名喜乐。清顺治七年又圮。康熙二年知县何凤岐建，复名寿宁。旧志列八景之一，目之曰寿宁长桥。南州彭士望易曰寿桥夜月。

起凤桥：在邑西南50里淮土，通石城。石墩三

144/31-32

第　　　　頁

座，高各十丈。嘉靖间王钦诰捐资独建，万历间墩圮，刘錝、刘希哲募造。

通安桥：在邑东，嘉靖16年知县潘时宜甘造，石墩13，架以木梁。

东山桥：在邑东五里，道通梁上下里，嘉靖十年僧广白募造。

大陂桥：在邑西30里，龙上下里，道通石城、宁都，为田大城前桥。石墩二座，吴立本独造，土人德之，像祀于桥左。

此外有：铁口、峡口、宜生、龙马、石马、枣溪、鱼龙、携龙、三通共桥。（全县）

3/ 上杭县12桥 144/31-32

浮桥：旧在县东，成化间佥事余谅创于此。正德间都御史王守仁移造于县南石扆。嘉靖22年巡道侯廷训重造，扁为阳明桥，廷训有记。按县志万历36年知县倪应眷重修，俗呼倪公桥，自后时圮时修。

青龙桥：在潭溪口。明嘉靖19年巡道侯廷训营造舟十有九，座36间，至37年水圮。

回龙桥：在县北平安里，李溪，有义田360秤，租

20×20=400（京文）

-540

144/32 —

第　　頁

宋时宁都县曾万仁经此，捐买施渡，年久田隐。弘治三年巡道任希閔清出，仍令林吴远等造船摆渡。

此外有：将军、龙安等桥。

4/武平县引桥：金鸡、阴隆、黄广、马鞍、兴龙（今县）144/32

兴龙桥：在县南，往来要津，原为九龙渡。因山水势甚涸廉常，舟渡维艰，署县事赵良生倡捐建桥于此，造店四楹，收租以供岁修之用。

5/清流县29桥 144/32

龙津桥：在县东，宋淳熙间建，绍熙间砌石墩，嘉泰间始构亭，东西为快阁凌云二阁，桥旁创庵曰澄川。元至正间毁于寇，明正统七年，主簿徐友谅等累石为墩八，构亭31间覆其上。嘉靖初，知县余祥等重建。后水圮二墩，知县何孔阳、邹文瓒等募修。

门障桥：在县东

~~光第桥~~：在青山溪口，僧万历中曾子弘、曾子约捐金380两建。

神通桥：在玉华驿青溪口，万历壬子邑人雷用龙捐金210两，垒墩架梁，为屋11楹，陈经邦记。

凤翔桥：在县作西，宋时构亭覆屋29间名凤翔。每夜静时闻有笛声，遂以凤翔横笛列景之一焉。

20×20=400（京文）

541

144/32—33

第　　页

南门下浮桥：洪武间耆众造船13，贯以铁索，立椿于两岸系之，后圮，耆众又修。正德间义民曾文通、文进施田租米九石二斗，吴世华施屋四间，租粒俱给桥夫，半为雇工，半为修葺。崇祯十年通邑黎金重建，清康熙年间重修。

遇仙桥：在县東三里双坑口，吴真人于此遇仙，今存。

此外有：武陵、深溪、归来、余朋、会溪等桥。（今略）

6/连城县21桥

文川桥：在县南门外，旧名青溪。宋绍兴间县令刘国瑞重建，改名擢桂，后圮于水。元至正间，照磨马周卿重建，改今名。明正统间毁于寇。景泰间县丞李干复建，成化间又毁，县丞吴瑞率邑民重建，叠石为址，架屋17间以覆之，万历12年重修。

此外有：迎珠、彭坊、牛栏、慈悲等桥。（今略）

7/归化县28桥 144/33

继述桥：在县东南安善40里。邑人杨文斌建，子应祯重建，邑令姜凤题今名。

白沙桥：在城東200步，成化八年建，叠石为墩，覆以屋。嘉靖40年毁于寇，万历间知县周寰率众重建，寻圮。天启二年邑人李应宿募修，改建于旧桥

20×20=400（京文）

542

144/33—47.

東百余步，通判李应午題曰部門首識。

泉水洋橋：在城西八里橋邊，一池出泉甚大。

將軍橋：在城西90里，潜寡婦死節處。

此外有：馬欄、水尾、万春、芦陽、魚潭、甲等橋。(全县)

8/永定县子橋：在溪、深溪、臥龍、翁溪、湖雷(全县) 144/33

臥龍橋：在東城。正德初，指揮廖鵬建。嘉靖间奔流衝毀，知县毛凤韶、里民吴瑞芳等修，巡道僉詢易名充虹，邑人孔廷训记。后复圮二毀，知县龍遷达重修，更名跃龍。至万曆二年衝坏三毀，知县吴宇砌捐俸倡修，复名臥龍。

汀州府祠庙考　职方典第1074/1075卷　第144册　(府县志合)

(清流县)忠烈祠：在县城東龍津橋尾，元伍崇堯父子忠烈死义，有司春秋致祭……康熙年间重修。144/40

(武平县)万寿境：在县龍津橋首，万曆间邑人裴应章重修。144/44

汀州府古蹟考　职方典第1076卷　第144册　(府县志合)

(本府)三橋紀績亭：在东堤嶺上，为近淪川、惠政、通京三橋立，尚书裴应章记。144/47

佑聖堂：在太平橋南。〃〃

20×20=400（京文）

543

144/48—55

第　　页

(上杭县)紫阳院：旧在通驷桥，宋庆历间始建，忽一夕大水漂木数百根积院基，人以为异。144/48

曼公祠：在县南浮桥头，明正统元年因造桥僧建。末年毁于寇，故址今为阳明门基。144/48

(清流县)龙津碑亭：在龙津桥头，嘉靖初知县余煒建。144/49

凤凰阁：在县凤翔桥西，即古晚香阁，永乐间毁，弘治间道士张惟冕建。144/49

(连城县)星波沸：凡二：一在县治西即放生池，一在曾地坪，今迁文川桥下。144/49

(归化县)魁星阁：在城東白沙桥南。144/50

(永定县)系舟石：在云龙桥侧，昔王阳明系舟于此，有诗。其象如龟，又名浴龟石。144/50

少憩亭：在迎恩桥北，邑人卢贯有记。今废。144/50

去思亭：在迎恩桥北。144/50

汀州府艺文　职方典第1099卷　第144册

青龙桥记　(明)赵可与　144/52

游玉虚洞记　(明)张破　144/53

金山记　(明)丘嘉闻　144/54

游玉虚洞(诗)　(明)欧璧之　144/55

20×20=400(京文)

544

144/55-60

第　　　頁

浮桥利涉（诗）　　（明）陈　喆　　144/55

一琴桥（诗）　　（明）丘衍翼　　144/56
水西渡（诗）　　（明）刘　㙉　　144/56
驷马桥（诗）　　（明）刘　㙉　　" "

汀州府纪事　职方典第1078卷　第144册

（府志）（明）正德3?年九月，流寇劫掠，经过清流县白石桥，民兵逐之……　　144/57

汀州府部杂录　职方典第1078卷　第144册

（徐志）汀郡旧有七里桥，凡饯送者悉集于此。明秦请间御史丘道隆由里门北上，郡伯查公偕僚属诣钟送之。丘未至，相待于桥，而桥忽坏，水势衡急，郡伯首罹其害。时有王仲安欲往送，而黄蜂群绕衣袂者数次，心动，遂不往，得免于厄。或云道隆适纵由此也。　　144/60

20×20=400（京文）

545

福建兴化府部　　145/2—5

第　　页

兴化府山川考　职方典第1083卷　第145册　（县志）

（本府、莆田县附郭）壶阳山：通志作果阳，在九华山西北，其山高大，由松岭过妙宗院前桥入兴化县。145/2

戴帽山：在迎仙桥之西北，与福清接界，上有鸲鹆巖，旧传地堰鸲鹆栖焉。145/2

驷马山：山之址有驷马桥，故名。〃〃

大帽山：在长寿峰西北，状如帝帽。其下有寺山，南有大湖坑、石门、马尾潭、绿榕桥。145/2

葛山：在新县北，其山磅礴广袤，石上有巨人跡、石棋枰，又有石泉下接溪桥。宋方氏作葛山堂其麓。145/2

紫霄巖：在九华山东北，……有天台桥……有仙人桥、仙人塚。145/4

小屿：在海中，潮退有石桥可渡……〃〃

小西湖：……下堰之水为万金河，东出水关与城外水合，上有桥三间，故字其门曰桥也。湖面如砥焉。水盛则舟楫可至桥下。桥之上有亭，覆以疏栏，南匾坊曰忠贞，北匾坊曰静康。……145/4

雷电潭：在鄰林山下，一名霞溪，石梁跨其上。上有石如砥，可坐数十人……145/5

温泉：在上杭桥西北峰溪流中，潮涨泉没，潮

20×20=400（京文）

546

145/5—10

第＿＿＿＿頁

遇则见,浴之瘳疾。 145/5

元半桥砌井: △旧记云:妙应师自南乡归,同航者偶问师乞水,师登岸驻锡凿泉以饮之,今在石桥,名涅槃井。 145/5

徐井: △在延寿桥西。其井八角,内横截一石,左浊右清,相传徐尚书铎家井。 145/5

(仙游县)宝幢山√:在县城外12里,有东西二峰相拱,一名金钟,一名玉幢。宋刘克庄诗:……一烟收绕野迷青嶂,桥瞰朱栏映碧潭。…… 145/6

兴化府关梁考 职方典第1081卷 第145册 (府志)

1/ 本府(莆田县附郭)152桥 145/10—11

小西湖桥:在幽涧桥下,成化三年郡守岳正开小西湖筑三堤,此桥在中堤之上。 ~~145/10~~

√章君桥:俗呼黄花亭桥,在镇海门外一里许,崇宁二年通判章炳文造陡门于此,后废,因以名桥。……元至正间,里人陈节、僧觉真募众重建,桥增高二尺,作亭三间,亭后又圮。弘治13年林元旭重建。万历五年,里人吴幽郑柔陈国成募修复。

莲塘桥:在章君桥南,相传陈丞相种莲处。初,

20×20=400(京文) 547.

有僧民作木桥，正统间，僧田發始募缘作石桥。

√永丰陡门桥：在迎和门二里许，官路所经。唐贞观二年邑人方常卿创永丰塘两头作陡门以泄水分灌塘下田亩，因伐石以累之。

元丰桥：在迎和门外三里许，一名上杭桥。宋志云旧为陂泉渡，后为浮梁以济，浮梁造于元丰故名。绍兴间转运使姚沇、知军朱定国叠址于海而累之。……万历戊申，知县何南金重修。

迎兰桥：在屿上，原架木作桥，康熙壬午，孀妇董氏造以石。董氏陈英皇妻。

√新桥：在乡濠桥东二里许，……万历己卯，凤山寺僧慧性募建。

√霞水桥：万历己卯僧性拓造。

△陈余下七间桥：宋志李富造。断水为七道，修15丈五尺，广七尺，柱高16尺。后圮，僧德全等相继修治。景泰六年，里人姚福德等募众重修，嘉靖21年少卿姚永复修，并於桥头造圆光庵、观音堂。

√迎仙桥：旧为迎仙渡，官道所经。宋建炎三年僧祖也募造，断水为24道，榜曰龙溪桥。后官道改，桥废，岳宫灵岩革石补造江口桥。

杨公桥：宋淳祐间郎邦彦僧造。洪武壬戌僧永谷重修。

讯路桥：去城北七里。桥下溪流有声，其沙晶明如玉。昔徐铎未第时，有瞽者过此，寿掬水而饮，曰，此地当出状元。又向杜家塾间侍郎方会读书声曰，此将状元矣。留宿而返。翼日遇铎曰，此真状元，昨日者非。后果然。

驷马桥：元至正三年僧古月募造，今废。

驾龙桥：去旧丰城里莒溪之上，宋绍兴庚午僧惠叙造，今废。

赞斗桥：去旧保丰里界，宋淳熙二年僧无了造，上有亭。明洪武庚申僧月庭修，后圮。万历间黄震方重修。

熙宁桥：去城东南三里许，旧白湖渡，熙宁间始造舟为梁。郑叔侨诗：千艘水面跨长桥，隐隐晴虹卧海潮；结驷直通黄石市，连艘横断白湖腰。后指浮桥也。考宋郡志，石桥名通济桥，修40丈，广二十之一，分水为八道，靖康元年太守江常令累方敝石累址，太守张读续成之，著作佐郎徐师仁记。

小屿桥：宋景定元年里人刘德明造，两端砌

第　　頁

石，其长半里许。

宁海桥：一名东蹊桥，有支海自下黄竿入至此，两崖宏阔，旧有宁海镇，前有渡，民病涉焉。元元统二年邑详僧越浦始募缘凿石为桥，并造吉祥寺。至正间桥圮，行者复以渡。明洪武33年同知徐则敬命僧湘江募造桥，疏为15门，修82丈，广二丈，高三丈八尺。

井埔桥：宋绍兴间里人林嵩捐资造。又砌石绕凿大井十余丈，大旱不竭，居民便之。桥石字刻可考。嘉靖庚戌，蔺如知州德辉重修。

亘龙桥：在石阜头，计三间。桥下有大石盘亘数里，常有龙起自石穴，桥因以名，创始未详。明宣德间里人林誉重修。

双桥：在大孤屿前，其桥一横一直，成化七年，里人郭士清募众重修。弘治九年地同知朱海重造。

大龟屿前桥：旧以木为之，弘治四年里人朱儆倡造石桥。又助华严寺僧捨田开路四尺，上通双桥，下接长者庙。

棹桥：宋绍熙16年僧日山造。明弘治甲寅郡守王阍重修，后圮，里人募众重造。

20×20=400（京文）

1·45/11

第　　頁

五马桥：原名上廊桥，在上廊周家之北。宋G末周心镗建。后曾孙莹与其从曾孙瑛相继为太守，族人因改名五马桥。

化龙桥：元延祐四年僧隆源建，并建庵以护桥。明弘治八年太守王衡重修。

踰马桥：在后溪西五里，洪武初里人吴惟善等建。初木兰陂水止此，惟善等以私田凿沟引水东行，直抵程洋头，约三里许，乡人催戳撤迄使之。石梁题刻可考。

石候桥：在石候铺，跨海百有余间，元时兴化路总管林德隆建，明弘治七年同知半海重修。

杭下溪小石桥：宋德祐元年僧吉善建。

绶文溪田翁桥：在印山下，溪流如绶故名。陈中诗：峰峦列嶂山如印，溪涧来潮水似文。

濑溪桥：旧为萧阳渡，当南北要衢，宋绍兴13年始建浮梁，乾道三年，郡守钟离松于下流百步山峡循旧基造桥未就。淳熙十年陈丞相俊卿同郡守林元仲移造今所。桥14间，修15丈四尺，广14尺，高39尺，草堂隐居方秉白记。

迴澜桥：宋李长者造木兰陂乃于南岸穿渠

22　　20×20=400（京文）　　557

140/11—21

引水東注，作桥其上，故名。

永贵桥：在飘湖下，宋绍兴十年郑侨深提请借县帑造，后以施金偿之。桥东北通来庵。

此外有：涧桥、东济、果满、方尾、霞墩、林子、大理、猴背、陈墩、大津、白杜、椿东、龍桥、使華、厝柄、大墘、桃梨江、石盤、济角、上厝、善照、頭巾、铁膝等桥。（余略）

2/仙游县35桥：学古、和美、金凤、錦桥、声鼓、金马、侍者、驾仙、白鬼等桥。（余略）

兴化府祠庙考　职方典第1083卷　第145册　（县志）

（本府）靈巖广化寺：在南门外凤凰山下……宋太平兴国初赐额广化。有放生池，上为桥，在瞻拜亭前，元至正间火。…… 145/19

吉祥寺：在宁海桥北，元元统二年，僧越浦驾海为桥，即此寺發桥。明洪武庚辰僧湘江重修。145/20

（仙游县）靈林院：山如狮子，溪遶山麓，古有桥横锁两山，行客称狮子戲毬。明万曆间郑于衡倡建。145/21

地藏院：在西山。万曆时寺旁人林朝英耕田，拾得佛像作坐石者，依旧址重建，地藏其名也。间有石桥，被水冲坏。145/21

552

145/21—37

垂庵：△在石马桥西，清康熙丁未年建。 145/21

兴化府古迹考 职方典第1084卷 第145册 （县志）

（本府）宁真门：宋军城东北门也，宣和间建，在今宁海桥南，有石城尚存。 145/25

湖信亭：△在城东五里熙宁桥之西，宋知军张读建。风静波平，湖山倒影于此。 145/25

兴化府艺文 职方典第1085卷 第145册

南泉岩（诗）	（明）方樸	145/33
囊山（诗）	（明）柯潜	〃 〃
枫亭驿（诗）	（明）曹学佺	〃 〃
夜出莆阳即事因之有怀家兄（诗）	（明）王世懋	〃 〃

兴化府部杂录 职方典第1086卷 第145册

（莆田县志）通济溪常泰里要道也，原有桥36丈余，岁久圮坏，柴木仅存，尚可容足。舟人郑廷魁者乘间规利，潜毁柴木，市艇以渡，济其需索。……老父陈吉旺……愤谓人曰：吾誓造此桥，使尚得固为利乎？郑反詈曰：……桥若成，我愿为守桥鬼。……一越三年，黄姓第捐金百余倡建，不数月桥成。郑乘夜坏桥，忽颠堕溺死。…… 145/37

555

福建邵武府部　　　　　　　　　　　　　　　　　　145/42—54

邵武府山川考　　职方典第1084卷　　第145册　　（府志）

（本府、邵武县附郭）樵溪：源自樵岚山，从泥桥西支经城内迤逦九曲；东支经内濠逦迤出紫云桥。閩书：九曲溪逦迤城中，源自樵岚之蘸滔泉。东下十里注于曲栏之北，折东流逾桥竺山以趋城西北为一曲，上有石如玦玦，曰玦玦石，其桥曰泥桥。绕陰濠入城为二曲，其桥曰武德。折而东为三曲，其桥曰化龙。又北折流入泮宫为四曲。又绕而东为五曲，其桥曰泰和。又折而北为六曲，其桥曰仙源。稍北为七曲，其桥曰易谷。又北为八曲，其桥曰升平。又北为九曲，其桥曰五娘。其下流之桥曰通济。出城北东经七里桥入于大溪。　　　　　　145/42

　　万松洲：△在城东长春桥下溪之中，宋尚书杜果蓄有萬松……万历间两学诸生同蓄松万株故取今名，擊人樵採，戒茂林。……　　　　　145/43

（泰宁县）放生池：在利涉桥下。　　　　　　145/46

　　畫錦井：△在畫錦桥头。　　　　　　〃　〃

邵武府关梁考　　职方典第1090卷　　第145册　　（府志）

1/本府（邵武县附郭）135桥　　　　　　　145/54—56

20×20=400（京文）

554

145/54

沙堤桥：在清节坊，跨棋溪三曲。元元统间，僧先欲伐石搂砌，修三丈，广一丈二尺。

化源桥：在府学前，跨棋溪四曲，旧名化城。学衣道士以石造，修三丈，广一丈二尺。

仙源桥：在府治东80步，跨棋溪六曲，搂石为之，而翼以石栏，修四丈，广一丈二尺。其北阑盾刻云：宋皇祐五年，朱昱捨石桥一座。据此，则桥为朱昱所造无疑，而闽志以为熙宁初郡人徐熙春叔，盖未睹石阑所刻文也。考熙宁后皇祐15年，意已是熙春尝修之，而志者讹为造叔欤。

三公桥：旧名行春，又名绣衣，跨鹿口溪口。宋咸淳三年，清使黄万石、尚书冯梦得、郡守廖邦杰重造，遂以三公名之。永乐14年圮，宣德间郡守刘绶甘修，覆以屋，长27丈，广二丈，架庵于桥左。弘治12年守聂英重修。万历37年水圮，平安推官杨春茂修。

长春桥：在城东五里天妃宫右，跨棋溪，抵延州。先时仅设以渡，迁涛凭舟师，碎易咫尺千里。万历22年郡守周斋曾创议造桥，初造于鹿口津，垒石为墩，酾水12道，寻为水坏，迁延未举。守李之用、同知钟万春、推官赵贤志相继继造，今所，为墩15，

555

梁以木，甃以陶甓，覆以亭屋，修102丈五尺，广二丈三尺有奇。不但联络称便，且塞下流水口，诚美大之功。推官赵贤为记。

铜青桥：在铺右，旧为木桥，元元统间易以石，瀽水五道。永乐14年圮重建。成化17年圮刘元修复。万历37年圮，署府事推官杨春茂重建，修30丈，自为记。

升云桥：在西溪铺上。宋端平中建，后圮。明洪武33年令聂祥凤命僧义华重建木桥，寻圮。正统五年令款宗重建又圮。成化五年守盛颙叙建以石，修三丈，广一丈三尺。

丁字桥：在灌溪境宋绍兴15年建，修六丈，又横出一支修三丈，广皆二丈，上覆以屋。桥通三路如丁字，因名。元泰定二年韩妙图重建，成化七年守冯敦复建。

乘驷桥：在梅里山口，元延祐六年架木为梁，后圮。明弘治18年守夏英命乡老钟锐王澧督之重建。桥中为亭，亭两端各建华表，匾以乘驷。修11丈，广二丈三尺。在六都。

神仙桥：在下广口，弘治17年，守夏英命僧广

145/55—56

贤叔造，上覆以屋，修三丈广一丈二尺，在47都。

通泰桥：在城南街，旧名迁善，后更今名，俗呼白浴桥。明永乐元年同知侯璲重造。天顺二年水圮重造。成化八年又圮，17年累石为址而梁以木，桥屋40楹覆之。里人佥宪郑纪为之记。弘治14年，郡守夏英重修，岁贡夫一名守夜。

太平桥：在37都同富坊。弘治13年守夏英重造。修23丈，广一丈五尺。

仙源桥：在茶山下，跨山涧为桥。永乐13年道人李道明造，上覆以屋，修四丈广一丈二尺，在53都。

步云桥：在约溪口故县东。旧有童谣云：水绕步云桥，黄间肃公复北朝。盖下流甚曲折，最忌径直。间肃在朝时，本郡大溪水，遶折从步云桥而下，郡中人文正盛。元时堕城天下名城，吏兹土者多蒙古人，其人妄肆践毁，掘竹丝排以断郡之来脉，凿渴猴饮水石以破郡之水口，而大溪水遂中衝直泻，不复从步云桥而转，本郡人文遂尔寥落，科第不复如初，故童谣如此云。创始于宋淳祐12年，元元统间重造以石，修数丈余，广一丈五尺。明万历间水圮，已未钱名世复造。

557

145/56-57

第　　　頁

此外有：武德、泰和、万公、升平、三姊、紫云、龙冲、泰宁、茶壶、濮口、伞悬、凤田、鸭母、拿下、三通、湖山、泥桥、画锦、高炉、神安、药师、接众、苦桥。（余略）

2/ 光泽县40桥　　145/56-57

平济桥：今改名程公桥，在朝宗门，跨大溪，即旧东渡也。宋嘉定14年重建石梁，毁于兵。明弘治二年义民李文通重建，垒九墩，庇屋十楹，修37丈七尺。万历22年水崩，令程家楠倡偕邑义民共重建，改今名。　145/56-57

√ 天妃桥：在象头山外，万历40年僧日广建。

感应桥：在18都大林坊。旧以石架板于水上，屡为水漂失。万历33年里人宗魁伐石为之，庇以屋，修18丈，广15尺，高13尺。41年毁，邑令汪宗谊重建。

弘济桥：俗名杭西桥，跨县西大溪，即旧西渡也。宋元祐四年令郑闳谕邑人募众以木为之……（明）成化四年郡守盛颙命工垒石为墩，架木为梁，建屋数十楹覆之，遂更今名。修35丈，广18尺，高36尺。万历21年圮……康熙元年邑人重建。桥上覆以屋，旁列店肆，商贩货居贸易。

√ 西来桥：据光泽续志在二都离县七里许，康

20×20=400（京文）

538

145/57—58

熙43年僧祥云募合邑士民重建石墩覆屋于上。

此外有：弦歌、石拱、雷音、兰乾、仙花等桥。(余略)

3/泰宁县37桥 145/57—58

画锦桥：跨小东门，旧名东桥，以叶祖洽故得名。后毁，仅架小木以行。娘叶夫李文宪君饥粜钱，独造此桥，邑令旌其门。

瀛洲桥：在福山保跨大溪，明宣德间建。成化二年里人杨秉忠重修。长21丈，广一丈。

迎爵桥：跨大溪。宋淳祐间乡人萧识甫累石架木。元时毁，石址存。明景泰间仍架木其上。修25丈二尺，广一丈三尺。

隆兴桥：永兴下保，跨大湖溪，元时建。永乐间圮，成化五年令徐琛重建。修20丈，广一丈二尺。

寿昌桥：在上第。明正德间陈绍祖同姪美亨为母寿造，在崇化。

√上高桥：在上车。元至正七年乡人曹德甫建。明正统二年僧惠坚重建。成化17年僧善祥重建。修12丈，广一丈三尺。

此外有：麒麟、狮子、白象、杉津、福沖、神光、香水、神仙、乌鹊等桥。(余略)

20×20=400（京文）

559

145/58—146/4

第　　　　頁

4/ 建寧县 58 桥　　145/58-59

三溪桥：在濉阳保。明永乐五年王信谦老败建，后圮。天顺五年士僧丁暹重建，又圮。成化20年邑監生宗鐘重建，修六丈，广一丈二尺，尚書姜[illegible]記。万曆33年燬，35年，邑令華士峰重建，東至武安王庙。

種玉桥：在[illegible]田保。弘治15年建以石墩，梁以木，底以屋，修12丈，广15尺。

√溪峯桥：宣德八年徐汝受募建，圮。隆庆元年令皮志文教谕僧鄧銘建以石，覆以屋；邑人李宴墾石开路百余丈。

此外有：東坡、横口、客[illegible]、軍嶺、洪恩、四園、白眉、万达、朕登、青雲等桥（全另）

邵武府祠庙考　職方典第1092卷　第146册　（府志）

（本府）趙公祠：在城東長春桥左，為推官趙賢意建。146/2

（光澤县）惠应[illegible]詩祠：在县西龍兴观之左，神姓陈，名思益，字虚道。宋时授泉州通判，因絜家赴官，道经光澤，宿[illegible]館，偶题壁云：下馬夕阳館，过访春水桥。與日久如[illegible]卒，殯于館……　146/5

（本府）西桥庵：在徐公桥头，宋嘉定五年建。146/6

20×20=400（京文）

560

146/5-16

(延宁县)金饶报国寺：在东乡将屯保金饶山之下，係梁龙德三年建，中有胜景八：……虎溪桥……146/5

溪东旧有古郑公桥基，元至顺间建。今为真武庙祈祷之地。146/5

二

邵武府古迹考　大典第1093卷　第146册（府志通志合）

（延宁县）浴阳驿：在县前浴阳桥。146/9

邵武府艺文　大典第1094卷　第146册

北桥春舫（诗）　（明）陈泰　146/14

殊杰塔　（明）何望海　" "

邵武府纪事　大典第1094卷　第146册

（八闽通志）杨荣，明司李邵武，便道游七台山，下山到至坑桥，有一老翁厖眉皓发扶杖而来，遮道迎曰，"游山劳乎，老人聊献一茶一饭之费。"……146/14

邵武府外编　大典第1094卷　第146册

（闽书）桥仙李姓，名忠，名邵之城东人，性冲和，善笑寡言……居升仙桥之鹳梁下，单衣敝席之外无长物……市中三尺童子皆呼桥仙……忠逝而桥随圮于水，亦足见升仙之谶。时万历之25年……146/16

福建漳州府部　　146/20-24

第　　　頁

漳州府山川考　職方典第1096卷　第146册　(府志)

(本府、龍溪县附郭)柳营江：去城40里27都地，唐时宿重兵于此。相传插柳为营，因号柳营。桥左为鹤鸣山，右为布衣先生里门。晋江陈让记云：漳南桥梁虎渡第一。尝欲为桥，有虎负子渡江，息于中流，探之有磯如阜。循其脉沉石截江，隐然鱼梁，乃因垒址而桥焉。维江随山坼土，两峡巖立，流澌东奔，如雷霆入地，深处不可测度。乃架数万斤石梁于可凿危址之上，维两峡以捍固内气，如玉虹浮空，金堤横亘，吞吐潮汐，浮沉龍龟，俾四方客之由是桥者皆有咏叹浴沂之乐。西望芝峰，晦翁讲学之迹，与天宝并高；南眺大海，令人有川上不舍之思；北俯江干，凛然此溪之宅沧沧其深；东观鸟潭，思布衣之操德，而惜其不究于用；则是桥为漳南第一形胜也。　146/20

(漳浦县)太武山：在县东北100里23都境，一名太姥山……一好事者列为24景：………涧谷桥……—— 146/20

(漳平县)牛头相触岑：在县东感化里，两山夹之，中一坑，相去二丈余，深十丈，水流轟响，峭削险隘，行者病之。乡人朱崇庆等累砌石为桥渡之。　146/24

20×20=400（京文）　　562

146/25—30

第　　　　頁

（诏安县）真武山：在县东五里，自良广分脉，状若真武之神。前有官屿山，其形如龟，右有洋尾石护，其状如蛇，人谓真武踏龟蛇云。 146/25

漳州府关梁考　永乐大典第1097卷　第146册　（府志）

1/ 本府（龙溪县附郭）62桥 146/30-31

△ 硕仁桥：在上街，有亭，南祠陈知府弘谟，北祠沈知县昌期，今亭祠俱废。

△ 北桥：在北桥街头，旧称中清，有亭，宋嘉定间燬，郡守郑昉叠石修筑，增高六尺，广二丈余，四隅植表，勒石书庆丰桥三字。淳祐庚戌，守章大任筑土平之。明万历戊申，守方学龙从士民之请，重建观音阁于桥西，栋宇壮丽，是桥更为言胜。康熙乙亥年火，丙子年里人重修，其亭尚废。

名第桥：即东桥，旧称东清，有亭。庆元初间建。通判匡物登第，故名。水通东关阁。

△ 丙申桥：在海道衙后，庆元初丙申年建，宋淳熙丙申重建，故名。桥之有姜知府谅祠，西向，对面有石栏，今祠废，栏存，尚有断碑存申桥二字在地上。旧志以天庆观桥为丙申桥误。

南桥：在府治南门外。

20×20=400（京文）

563

新桥：在南桥下流。宋绍兴间于南门外始造浮桥。嘉定初郡守薛扬祖易以石，长24丈四尺，翼以栏，取谓之薛公桥。每大水，桥两之田皆漫……——明300年间屡遭水祸。成化十年毁屋千百区，浮屍蔽江，桥堤冲决……万历己亥水复大至，知府韩擢上採先儒陈北溪之论，下顺舆情，乃于东南隅水云馆前造桥28间，长90丈，广二丈四尺，南接于岸，是为新桥。北造文昌阁，南造镇海楼。士庶欣然乐助，不数月而成。……然旧桥竟以便民亦不废，而两桥並峙矣。

虎渡桥：即江东桥，在柳营江，为郡之要冲，因名虎渡。宋绍熙间守赵伯逿始作浮梁，嘉定间守庄夏易以板桥，叠石为址，疏为15道而盖之，名通济桥。然下梁上板，时复修葺。嘉熙丁酉毁于火，乡官陈正义谓宜以石为梁。会守李侍郎韶捐钱50万为之倡，颜侍郎颐仲捐金佐之。时五羊倅庄梦说慨然以继先志为己任，李委旧褒施。于是陈正义董其役，四年而桥告成。长200余丈，梁长九丈余，厚宽如之。桥东西各有亭，郡守黄朴为之记。明300年间数坏数兴，嘉靖44年知府唐九德大修，砌

146/30—31

第　　頁

石马栏、东西竖二关，东曰三省通衢，西曰八闽重镇，宏伟壮丽，江上巨观。

聚涂桥：在西厢，宋知县陈安節造。至顺元年潭饥，设局炊粳赈济，撩桥为饭给桥，饥民从桥头逐队鱼贯。有徵士郑穆生、吴秦覆、王文秉、李杓等耻无礼，投桥下死。今呼饭桶桥。

新埭桥：在28都，正德间知府陈弘谟修，长13丈，广二丈，亦名陈公桥。

流周桥：在26都，係乾桥，凡460余间，长120余丈，俗呼长桥。

此外有：金水、太古、打纸、回望、寡水、险桥，古县、石佛、乌螺等桥。（余略）

2/漳浦县34桥　146/31

东溪桥：在东门外，宋庆元间郡守傅伯成建，元至正间道士温瑶重建，长30丈。

鹿溪桥：在城东隍腹湾，即八景中鹿溪春涨。古谶云：鹿溪平，出公卿。旧志又名溪平桥。宋庆元间郡守傅伯成建。酾水36道，长50丈。明嘉靖间知县周仲重修，今存遗址。

长脚桥：在县东15里，元大德间僧碧潭建。

20×20=400（京文）

565

146/31

新亭桥：在长脚桥东五里，至正间僧伯江建

五凤桥：在南门外，宋淳祐间建，不址不果，长40丈，明嘉靖间被水冲圮，知县刘钦命重修，后屡圮屡修。

乾桥：在五凤桥南半里，长200丈，万历间僧建。

得仙桥：在乾桥南里许，长3百余丈，为闽广行人必由之路，不知建自何时。万历间，知县黄志举重建。桥当洪流之冲，屡修屡圮。康熙37年，知县陈汝咸捐资重修，广其间架，基石牢固，自是十余年来无冲决之患。

蔡公桥：在28都大宅保，元至元间里人蔡乙牛建，长数百步，时称小洛阳。

永济桥：在八都，宋淳祐间僧一行建。今废。

此外有：佛潭、荻芦、盐、象、樹阅、下佈、后郡（今县）

3/ 龍岩县14桥　　146/31

迎龙桥：出西门五里曰龙门，两山夹溪而下，桥跨其上，地在虎岭桥之南，与翠云桥东西对峙，通达汀潮，俗呼西桥。自洪武19年县丞周尚文重建，桥亭27间，以后屡修。嘉靖11年，知县陈滋移建上流百余步，改今名。36年知县汤相修，始垒石

20×20=400（京文）

566

146/31-32

梁，后圮于水，今复改于旧处，渐以木为之。

√功德桥：在龍门里，去县40里。元至顺二年，僧德禧造。石基木梁长四丈，阔八尺。嘉靖五年，令蔡尚义重修。万历15年知县吴学忠重建。

○驻师桥：在倒岭坑，宋文文山驻师于此故名。万历间知县曹引儒建。

下村桥：在万安里溪口社，元至正间建。明洪武20年重修，长五丈，阔一丈，亭七间。

古田洋桥：乡民鸠建，石基木梁，长二十余丈，高二丈，阔二丈。

此外有：景云、见龍、留晖、来苏、等桥。(余略)

4/南靖县6桥：洋仙、转桥、永济、平南、涌坑、直济。146/32

√△永济桥：在观音阁前，元甲申间僧天岩造。长21丈，阔一丈，石址木梁，上建亭21间。明废。

√直济桥：元至正间僧瑞岩造。

5/长泰县25桥

√西安桥：在县西门外人和里，明万历二年署县张大宾倡坊里民王廷彬、戴天民等筑砌石址25间，阔七丈，长41丈五尺。今名石步桥，尚存。

○陈公桥：在虎溪桥下流，宋绍定间陈公造。桥

20×20=400（京文）　　567

西有石半出地上。明嘉靖间垦田石出，有文云："文号状元来"今存。

此外有：虎渡、驷经、雪尾、半山、狐兄、华桥（余略）

6/漳平县15桥：龟池、石桥、永济、竹桥、牛相触、岑桥（余略）146/32

石桥：在马岐林，本里封君翁楠山造，捨修绕田自桥下至华口，立石九明，岁一修之。翁氏孙子岁轮一人董其事。

永济桥：在溪南，崇祯三年里人陈六袍等募众兴造，垒址于渊，代石为梁，高四丈，长五十丈，功费浩繁。

7/平和县9桥：员济、新塘、三角经、功德等桥（余略）146/32.

员济桥：在宁微社，元至正间僧瑞岩募造。

8/诏安县8桥：东门、洋尾、龙东、安技、广西等桥（余略）146/33

东门石桥：即万历志所谓东溪桥也。在县东门外。溪阔50丈，桥木梢29，广七尺，两岸石墩各一，明嘉靖间知县李尚理始。隆庆间知县陈素蕴重造，题曰通济桥。万历丙申乡绅沈铁与知县夏宏捐赀改造石桥于溪稚后之下以通南门大路。薛士彦为记。

洋尾桥：在县东五里即广南桥，旧设渡而从

也泥淖数丈，行者病焉。明万历七年知县邓于善砌石桥百余丈，为楯40，林偕春记。后知县夏崧通判俞咨篯重修之。

龍華桥：在县治北三里南诏旧大桥，宋为普济桥，岁久圮坏，邑人沈铁捐金重修，覆以亭，扁曰丹诏古道。

安济桥：在塘东溪，去县治西15里，明嘉靖间乡人砌石桥二十余丈。

9/海澄县17桥：月溪、云水、名第、云梯、修途、半月(余略) 146/33

月溪桥：在县西门外，原接九都城东门，俗呼旧桥。初为石梁，左右居民架屋贸易其上。正德丙子毁于寇，乃易桥以济。嘉靖间汀州通判张元龍奉檄驻邑造舘，修砌完好，邑人陈全记。万历间大潮石梁折，复修之。清顺治四年因乱复毁，康熙29年知县胡昺修砌，45年知县陈世伍易以石，翼以石栏。

10/宁洋县12桥：宁济、西洋、金家、香山、山谷(余略) 146/33

宁济桥：在城南，万历五年知县邓于善垒石桥亭98丈，九年圮于水，知县杨继时移前十余丈重建之，崇祯间又以洪水废。——

西洋桥：在西门。知县蒋亮因宁济桥未复，始建以通集永二里之往来，与广云一。清康熙29年知县沈荃捐俸属里民重建。

漳州府祠庙考　职方典第1102卷　第146册　(府志)

(本府)遗爱祠：在丙申桥，祀知府姜谅……　146/50

遗德祠：在硕仁桥，祀知府陈洪谟……　"　"

韩公祠：在城外东南新桥之旁，为知府韩擢建。146/50

(海澄县)楼山庙：在楼山。以楼经圃、它圃得名。其神附人，自言捍贼有功应庙食，于是寓公柯大通倡众建庙。后里人以大通尝题石成桥，以修庙后，因作大通像配享。146/52

(本府)万善寺：在郡南桥之南。顺治壬辰，郑成功以众围城，守城坚守数月，食尽饿死者70余万人。围解，僵尸满城，暴骨道路，郡人李嵘宗募僧沟晓收拾火化，作三大冢埋之，建万善庵以主其事，观察周亮工为之记。康熙52年知府魏荔彤改为万善寺。146/53

漳州府古迹考　职方典第1105卷　第147册　(府志)

(本府)颜定肃宅：在郡西清桥，宋吏部尚书颜师鲁所居。147/6

570

147/7—15

第　一　页

观海楼：△在新桥南。明万历间郡守韩擢筑成新桥，因于桥南叠造高楼，宏敞壮丽，一巨观也。147/7

文昌阁：△在郡城外东南新桥头。明万历乙亥，太守韩擢既移南桥于水云馆故址，即桥南起观海楼，楼北为文昌阁……　147/7

(漳浦县)桃溪精舍：在东莊洞口。宋郡丞赵若真绍祖碑刻李唐桥三字其上。明侍郎卢维祯读书于此。147/8

漳州府艺文　职方典，第1106卷　第147册

长泰东溪桥记　(宋)萧子信　147/12

三十五桥记　(宋)黄　樸　147/12

虎渡桥记　(宋)黄　朴　〃〃

……会乡大夫颜公颐仲持节入境，庄公閎子梦说贰郡五年，捐赀佐之，更造如前。计其长3000尺，址高百尺，酾水15道，梁之跨于址者五十有八，长80尺，广博皆六尺有奇，东西结亭以憩往来者。縻镪楮30万缗。经始于戊戌二月，其告成则辛丑三月也。……

南山(诗)　(明)林　魁　147/15

南溪早泛　(明)王　会　〃〃

泛海值石尤困飓云洞谐胜　(明)陈冀　〃〃

20×20=400（京文）

571

福建福宁州部　　　　147/19—20

第　　　　　　頁

福宁州山川考　职方典，第1107卷　第147册　(州县志合)

(宁德县)霍童岩：在18都石室可容数百人，其傍有虎溪桥……合此岩为十景……　147/19

福宁州关梁考　职方典，第1107卷　第147册　(州志)

1/本州30桥　147/20

金台桥：知州欧阳嵩引赤岸湖流入城外，命耆民陈德贤造。高二丈阔18尺，下设闸板，以时启闭。

石湖桥：在17都三叉港，水自负觉寺流出桥下到水头里多溪，有王光号仙源者造36桥，皆石。及没，里人有三十六桥风雨夜，几多诗句在人间之句。今皆莫详所在，惟存此桥。成化16年里人高宏重造瓦屋九间。

赭溪桥：在石渠，长十丈阔一丈，有李郑宗远造。

登仙桥：在48都，长三丈，阔一丈，以石为之。其水自蓝峰，旧名蓝溪桥，俗传陀罗仙飞升于此。

漈溪桥：在大金山两崖间，石激流迅。元至元五年宝岩僧募造。

此外有：金波、咦此、附凤、戴假、攀龙等桥。(余略)

2/福安县13桥：三峡、甘棠、律坑、望京、登龙。(余略)147/20

20×20＝400（京文）　　　　572

147/20-26

第　　　　頁

3/宁德县18境：鹏程.蛟辉.凤仙.罗汉.飞鸾(全县) 147/20

福宁州古迹考　职方典第1108卷　第147册　(州志)

(本州)市境：在赤岸，前代人物最盛，有18境于此为
互市，故名。 147/25

福宁州艺文　职方典第1108卷　第147册

太姥山记　(宋)林嵩 147/26

20×20=400（京文）

573

福建台湾府部　　147/32

第　　　页

台湾府山川考　职方典第1109卷　第147册　(府志)

(諸羅县)蚊港：从南北鲲身外海潮过佳兴里之北分南北二流，東过麻豆社之北复分为二，受开化里之赤山杂流。港有桥曰鉄线桥。　147/32

台湾府关梁考　职方典第1109卷　第147册　(府志)

1/ 本府(台湾县附郭)六桥：大桥、砖仔、乌鬼、斗米(余略)　147/32

大桥桥：在東安坊岭仔后。康熙23年大水冲圮，知府蒋毓英捐俸修葺。33年复圮，知府吴国柱重修。

2/ 凤山县8桥：大甲、二赞行、冈山、竹仔、万丹(余略)　147/32

大甲桥：在依仁里。台湾少石，居民于冬天之候以草竹木柱砌成，大雨至则漂去。康熙31年南路参将吴三锡捐造板桥，往来便之。夏秋之际仍旧漂去，冬重修焉。

3/ 諸羅县四桥：新港、番仔、茅港尾、鉄線。　147/32

20×20=400（京文）

574

湖广武昌府部　　　　148/5—9

第　　　页

武昌府山川考　职方典第1116卷　第148册（府州县志合刻）

（武昌县）败桥湖：在县东12里，春涨冬涸，世传吴王于此造桥以便游猎，桥毁因名。今湖有紫槐径、枫香径，盖苑囿地也。　148/5

寿井：在县治前宋嘉定县尉邹孟博置……　148/6

（蒲圻县）王家山：与葛岭联络……其侧……为玉虹桥，下为珠圆庵。　148/7

独山：距县12里……其阴为横涧为萧桥。148/7

蒲首山：距县40里。……其阴……为大姑桥。148/7

白虎山：距县30里，其阳为兰港桥……〃〃

行峰山：……其阳为鹦鹉铺，为柳树桥。〃〃

苍山：距县15里……其西为青石桥。……〃〃

青龙山：距县60里。……北出为黄沙畈，为洪口桥。南出为阪岭为洋泉，自洋泉西北为西街，又北经白杨畈达于汀泗桥。　148/7

（咸宁县）輞山：在县东40里……耕耘之兵犯境，王曜父子三人率乡兵御河号贺胜，一方得全。土人德之，因祠其上，并名桥为贺胜，以志功焉……148/9

鹤巢山：在县西南上11都。大桥如鹤形，上有

20×20=400（京文）　　　　575

侍御唐震书院丘墟。 148/10

金龙洞：在金龙山畔，入数步，石涧阻之，人不能越，岸有柳眼生为桥以渡…… 148/10

(崇阳县)大集山：在县北五里，一名纱帽山。山有石洞亦名桃花洞。旁有卢潘泉、硃砂桥。 148/11

桃花洞：△在硃砂桥下，大参任萧事令崇时有诗赋之，距治五里。 148/12

芙蓉池：△在城内甘棠桥下。 " "

(大冶县)放生池：△在採芹桥下水流会处，…… 148/15

採莲塘：△在採芹桥内，唐儒学。 " "

東西泉：△在橋纓桥下。 148/16

(通山县)九宫山：在县南90里……路由太平山、松关、归云桥、万竹山、仙鍊云关，盘折而上…… 148/16

白公泉：△甘凉可饭，在白公桥侧。白公名私，唐行时人。然泉曰白公泉，桥曰白公桥，则白公亦通之巨族矣。 148/16

武昌府关梁考　职方典第1118卷　第148册（府县志合）

1/本府(江夏县附郭)34桥 148/18

新桥：在县南，大司马熊廷弼寝处，阔约三丈

576

第　　页

许。行潜（?）湖、南湖、黄家湖、青林湖诸水以入江。矶山有槽，水汛两岸，用木板为闸，中筑土以障江水，各湖湖田赖焉。水势沸腾，声若辉雷，闻数里。

伏龙桥：在中和门内。相传晋许逊自豫章追蛟至此，蛟化为白驴，伏桥下，因名。又有卧龙桥，在保安门外。

簟金桥：在县南110里，聚仙铺。桥顶有石鉄，形似簟金。相传仙人对弈，有持簟金而献者，故名焉。

△仙人桥：在县东南90里，滨梁子湖，上有仙人寺。

此外有：分金、明月、清风、老人、龙穴、雨淹（余略）

2/武昌县26桥　　148/18

寒溪旧石桥：在县西寺前。桥止石一叠，虽经洪水冲激不坏。石上有指迹，白书诗，屡晦屡见，久而不没。

石盘桥：在县东五里，旧名石盘陂，即今之大桥。明景泰二年建，后义民周模、姚秉、谭茂亚（?）连湖康修。康熙七年知县熊登共重修，有记。

此外有：丝家、韩婆、队仙、清思、霍龍、天达（余略）

3/嘉鱼县八桥：梅溪、静宝、熟湖、舒桥（余略）　　148/19

△静宝桥：在县东北60里静宝寺前，元僧绍忠建。

20×20=400（京文）　　537

148/19—

第　　　　页

4/蒲圻县98桥　　168/19

大元桥：邑人参政王台彦建，僧后窗刻四大金刚像为镇。

五洪桥：元皇庆初僧酬昌、乡民郑国宾建。

瑞惠桥：崇祯二年知县林增志捐修，上建有庵曰万年庵。

汀泗桥：一作丁师桥，桥北为汀泗镇，咸宁大界在此。

浮桥：一名济美桥，为南北通衢。造舟为梁，竖坊以表识之，南曰利涉，北曰知津，正德元年县丞任贵肇建，六年指挥佥事蔡潮增修，名曰蔡公桥。万历26年知县倪斯蕙重修，北曰湘江万里，南曰蒲川一带，今俱废。35年知县汪有功重修，38年同知叶文懋重修，40年知县张光前复修。崇祯三年知县林增志复加厚板。兵燹后时修时圮。清九年知县徐圻陈重修。

此外有：松田、绿圃、雷公、夜珠、大姑、小姑、七宝、马背、悬点、乐儿寺桥。（全略）

5/咸宁县32桥　　168/19-20

三元桥：去县16里50步，旧名永安，即唐永安

20×20=400（京文）

578

镇也。通判王宾改名米崇桥。正德中，资福寺僧妙容募修，造楼其上，改今名。崇祯间圮。清康熙四年，知县何延韶重建

西门桥：在县西半里。嘉靖间县令张时举砌石为基，架木其上，为屋17间，中废。万历壬辰知县曹继藩重修，后复圮，乃造舟为梁，以铁索维之。天启甲子，县令曹应聘始甃以石，建阁其桥以镇焉。桥洞有七，石栏环列其上，影若卧虹然。

√下坊桥：在县南三里，有亭三间，弘治中知县王令募福僧妙宝筑堤重修，黄表有记。

×丁泗桥：在县南30里，宋咸淳9年，乡民丁泗创造，因名。正德中知县潘泽重修。

√马家桥：在县南20里，有镇，天顺中山华寺僧本荣募建。

√黄锦桥：在县南25里，明时白沙寺僧清理募建。

√白沙桥：在县南40里，路通通山县。弘治中，白沙寺僧清理募建后圮。正德12年姜德心继代石甃砌。

○贺胜桥：在县北40里，宋末兵起，里人王曦聚众与贼战胜，因以名桥。

148/19—20

第　　页

此外有：富庶、上好、望凤、驾城、姑嫂、关善（全县）

61 崇阳县67桥　　148/20。

甘棠桥：在城内，民思张咏而作，任希夷有诗。

△朱紫桥：在文昌祠右，宋鱼瑞勒三大字于碑。

△劈箭桥：去县15里，因志闲禅师得名，在潇溪寺山门前。

鷇鸠桥：一名佛家桥。

✓石宝桥：去县30里，在梓木港。弘治间僧清澄募修。

✓朱家桥：僧人海空募造。

✓冷水桥：在艾翁堰下，正德癸酉僧真慧募修。

✓株林桥：嘉靖戊子僧明镜募修。

✓南畏桥：弘治间邑人洪伯琦等重修。嘉靖乙酉年僧如琢募修。

○桃花桥：有二：一附东郭，桃溪水出神峰，过朱沙桥，遶此峰下入隽水口；一在县西桂口，亦名桃溪水，自龙窑山入隽水口。又俗名桃溪桥，故崇号桃溪。

✓餘耕桥：旧名宋墩，僧了经、邑人熊哲等造，刘日孚建亭于上。顺治间水圮，邑史丞王在斗修。

✓玉洞桥：宋僧来億造。

此外有：无名、石壁、杨柳、化钱炉、九节、神口、市

20×20=400（京文）

580

148/20-21

第　　页

分义、翁尚书、荫龙、百钱、红石、步桥。(余略)

7/ 通城县18桥：龙泉、三公、拱北、朝宗、乌桥(余略) 148/20。

√拱北桥：在县治北门外，跨隽水，邑之通达也。宋咸淳间邑人杨起莘建，石墩架木分九孔。永乐壬辰圮于洪水。正统丁巳知县杨庆修葺。正德间复圮于水，僧募5000余金，全用石甃，九眼圈拱。

√朝宗桥：在县南，一名朗桥。洪武中主簿白彝建，后废。万历中僧海清募资，用石砌三眼。

√水口桥：在县东北十里白马铺上，嘉靖戊申僧石海信募化重修。

8/ 兴国州33桥：怪坡、行者、三义、良廣、牙儿、思贤。(余略) 148/20-21

√怪坡桥：在州东半里，嘉靖间里人刘本瑞修，越20余年有何、赵、宋、邹四人复合众重修，有碑。

√三义桥：在州西120里，御史谭鲁民、阮廷彩、程荣同修建。

·良廣桥：在州北20里，当蕲州之衢，湖涧二里许，原有栈步，久湮没。嘉靖间刘本瑞捐资穿石桥三眼，长20余丈。隆庆元年秋七月东吴王子大重修，有碑。

9/ 大冶县33桥：除下列外有：採芹、龙窑、铁山(余略) 148/21

20×20=400（京文）　　581

140/21

○栖儒桥：在霁峰山下。世传东方朔读书栖隐于此，故名。

○携仙桥：宋嘉定间造，相传钟吕二仙携手于此，故名。今二仙祠在其上。

✓太平桥：在碧石渡，宋延祐间里人张权造。正德间僧圆一修，上有石浮图。

□备礼桥：在县西15里。俗云桥滨陡峻，乘骑而过者皆下，故名。

✓深潭桥：在县西南35里，深云祖师甃砌。

新厰桥：在道士洑市，宋宝祐年间造。

大桥：即大堤之桥，里民郑汉敬、汉鸿甃砌，明末崩圯，清康熙九年里民兰子爵捐资大造。

10/通山县12桥：多宝、通津、桃花、喜迁、行远、兴高、平桥（余略）。 148/21

✓通津桥：在县治南半里许，邑人郭仲发造。明正德六年水冲圯，邑人朱廷文、唐玉重造，侍郎朱廷立记。崇祯辛未水冲废，邑人朱承祐筹造，知县马负图记。

喜迁桥：在县西一里许，旧名坑口。明正德元年邑人徐伯乐、徐有芳造。万历13年水冲圯，知县张书绅重修，造亭三座，更今名，徐本中、常居敬记。

582

168/21—37.

第　　页

清顺治18年冲废，知县任钟麟率邑民魁梵衍等重修。

白公桥：在县西光让坊，世传桥为白公所造，故名。明万历17年知县张书绅重修（置亭其上。今废。）

登高桥：在县西七里许，旧名屏港。明万历十年水冲圮，知县张书绅率众修置，造亭其上，更今名。岁久颓圮，清顺治戊戌，黄明学等募修，复置亭焉。

举桥：在县西30里，邑人徐祝造，其子适登乡荐，故名。

武昌府祠庙考　职方典第1121卷　第168册。（府县志合）

（本府）宋大寒庙：△在县西南明月桥左，其神祀宋无忌，为火精，唐中僧魏立庙祀之，以禳火灾……148/33

（通山县）：三闾大夫祠：△在通津桥南，元延祐五年戊午秋七月，加封三闾大夫屈原为忠节清烈公，旧建已毁，明嘉靖庚子朱侍郎重建。148/35

（本府）寒湖寺：△在明月桥北，有水怪，唐广德间建寺镇之。148/36

（武昌县）寒溪观：△在寒溪。雷氏武昌记：吴令除异仙之地。有寰窿桥……後桥为雷震，有篆文曰：神仙广济之桥。……黄巢之难观废。太中祥符七年重造有昭灵山……仙人桥。此亦四年毁……148/36

（蒲圻县）观音寺：△在方桥圆前……嘉靖间僧在利造……148/37

20×20=400（京文）

583

148/37—149/4

第　　頁

善庆寺：△在福缘山近畢家桥……　148/37

湧蓮菴：△在青石桥内，邑人知县谢引瓚建。148/37

(咸宁县)普广堂：△在横済桥侧，郑翰林读书处　148/38

(大冶县)永宁寺：△在摸梯桥之右。　148/39

白蓮寺：△在摸梯桥。　〃 〃

武昌府古迹考　職方典第1122卷　第148冊　(府县志合)

(崇阳县)問津亭：△在米紫桥畔，元宣差普顔忽都鲁建。148/43

江海心：△在甘棠桥裏。　148/43

(通城县)滄浪亭：旧在明和堂后，郡守周鹏重建于蓮花池内，复筑桥数架与雲水草堂通。　148/44

思波亭：△在放生池桥上……　〃 〃

武昌府藝文　職方典第1124/1125卷　第148/149冊

濟美桥赋　(明)魏　震　148/54

通津桥记　(明)朱廷立　149/2

重修西河桥记　(明)连举港　149/2

西溪桥记　(明)徐原明　149/3

石屋桥记　(明)艾钟秀　〃 〃

度石门山　(唐)杜审言　149/4

江夏赠韦南陵冰(诗)　(唐)李　白　149/4

20×20=400(京文)

584

湖广汉阳府部

169/20—50

第　　　　頁

汉阳府关梁考　职方典第1128卷　第169册　(府志)

169/20

1/ 本府(汉阳县附郭)11桥：王公、丛林、迎春、九如、阵水(余略)

王公桥：在县治东北三里，旧名兔湖，万历34年知府王宗本重修，遂造使之，改今名。

迎春桥：在县治西门外大观处。桥侧石上刻迎春二字。

2/ 汉川县13桥：义济、女儿、文水、甑山、义桥、高观(余略)

汉阳府古迹考　职方典第1130卷　第169册　(府志)

地桥：在朝宗门外江滨处，天旱水涸则见，见则饥馑。世传子房进履于此，门额上旧有像，今废。169/37

汉阳府艺文　职方典第1133卷　第169册

王公堤记	(明)郭G域	169/44
杨柳堤记	(明)陈G儒	169/45
和鄂州百花桥咏(诗)	(陈)阴　铿	169/47
江上春歎(诗)	(唐)岑　参	169/48
南楼春望(诗)	(唐)许　浑	169/49
迎春桥(诗)	(宋)陆　游	169/50
罗汉寺(诗)	〃　〃　〃	〃　〃

20×20=400（京文）

585

湖广安陆府部　　　　150/9—15

第　　　頁

安陆府山川考　图书集成第1136卷　（府县合载）

（景陵县）东湖：在县东城外，广袤三里，中有洲，上有东禅寺，寺前为桥，环以亭，——为一邑最胜之处。150/9

南湖：在县南城外，广次西湖。其地中界民居、堤堰，析为两湖。在桥东者俗名延宗湖，邑教授延鹤读书其中，今已淤，仅可通舟；在桥西者，堤堰、民居、白马庙俱列焉。150/10

△跳跶：旧传为鲁班所筑。〃〃

安陆府关梁考　图书集成第1138卷　第150册（府县志合）

1/本府（钟祥县附郭）23桥　150/15

○升仙桥：在县东青泥四，相传汉梅福升仙处。桥底又有小桥。旧志云：州治前有桥曰升仙，非是。俗传升仙桥倒映之日即此。

西门大桥：在石城西，荆襄孔道也。岁久地圮，清康熙四年郡守张崇德甘共成之，旧止三空，今增为五，桥东西延二十丈，宏敞数倍于旧。

通津桥：即闸口桥，以备东南水之蓄泄者。万历间知府李寿棠建。桥之西又有石桥曰小闸，原是石桥，近为附近居民拆毁，今有遗址尚存。

20×20=400（京文）

586

150/15—16

曾家桥：即古土桥，昔司空曾肯吾易以石砌大之。后圮，居民吴宗周募修，岁久复圮。清康熙四年郡守张登德等捐资复修，桥东西各建以坊。

△庆寺桥：在城东吉祥寺前，又名丁卯桥。岁久倾圮，康熙四年僧青湖募修。

此外有：朝宗、迁公、三步两桥、洋梓等桥。（全略）

2/京山县32桥　150/15

会仙桥：富水郡志云：汉张楷修驿道此，故名。在东门外，桥枕数百年前址，迄今未圮。

宾旸桥：相传元至正间有人祈祷修此，故又名祈儿桥。

三里桥：相传三女子造，后易女字为里。

西郭桥：去县60里，唐时造，郢州长史刘丹记。

宿食桥：汉光武宿食处，去县80里。

此外有：槐坊、寨子、塌桥、新开、罗汉等桥。（全略）

3/潜江县12桥：永洪、张学、杨青、通仙（全略）　150/15

通仙桥：元时造。相传吕嵒曾经此，因名。年久圮塌，屡经修理。

4/沔阳州八桥：江北、刘家、剌河、平政（全略）　150/16

江北桥：即汉津桥。旧志注：西三里。桥石常有，

20×20=400（京文）

587

150/16

春夏水涨则舟以济之。正德戊寅，知州潘塤修而新之，分江北、城西为二桥。旧以木，后改石。石虽坚而水道稍狭，上流壅遏，每值水泛湍急，间有覆舟之危。知州郭傅乃以木为之，横以巨舰，缆以铁绳，南北两岸，甃以条石，往来始便。崇祯己卯改作甃石坚木，两翼有庑，为车马往来市民贸易之所。癸未贼毁，片石无存矣。

刘家桥：在州西十里，桥中坍圮。坑坎，桥亦倾圮，知州郭傅重修。

5/ 景陵县18桥：西桥、清河、周通、晚香（余略） 150/16

西桥：在西门外，又名倒叶桥。万历年间邑中书生万雅重建。清顺治初，雅子适還復修。今为雷震，石寸裂。

清河桥：在北拱门外。昔有桥跨于此，架片石起，浮孔望遗绵。嘉靖辛丑，俞宪村寺即其地改为新儒学，遂围以为泮池。旧有泮桥跨池中，其东西为两桥，是弘治六年，县令汤贵周中桥旧有亭，在延曰俊障亭。至嘉靖30年水决两桥崩，惟中桥直通往来。37年执官袁镂易石桥，改东西桥为挑道。天启元年知县柱维模周泮水外墉，並塞两

20×20=400（京文）

568

150/16—50

桥。清康熙元年水衝泮池，与湖相通。六年司李史飚建捐资撤筑。

观音桥：在县西北15里。旧桥毁，乾隆县令周瑞改作，可通车马。今其地为观桥铺。

6/荆门州8桥：牛蹄石灰车桥（全略） 150/46

7/当阳县11桥：玉阳、朝天、普通、衡济、顺化（余略）150/46

玉阳桥：在县西二里，石刻元至大改元吉日石匠王伯仁凿。

安陆府古迹考　职方典第1163/1164卷．第150册（府县志合）

（京山县）桃源：在白鹤观之西，地高而土肥，旧传汉人于此植桃甚盛，张增尝游焉。今废。按此白鹤观在今仙桥南。 150/46

（潜江县）石桥书院：在龙渊寺，元泰定间学士林仕潜造。150/47

漫园：郭铁垂绕其中，通以板桥。中有四面阁，阁外古梅百株。园为铁祖书绘谋垦植，故奇藤香木错列楼榭间。 150/47

（当阳县）长坂：在县北60里，曹操追昭烈至当阳长坂，张飞据水断桥即此。 150/50

20×20=400（京文）

559

150/54—151/18

安陆府艺文　职方典第1147/8卷　第150/151册

西郭桥记	(唐)刘丹	150/54
千工堰石桥记	(明)曾省吾	150/57
重修曾家桥路记	(明)向日升	150/57
升仙桥(诗)	(唐)岑参	151/4
常林欢(诗)	(唐)温庭筠	151/6
升仙桥(诗)	(唐)张隐	" "
滴水岩(诗)	(明)李维桢	151/9
陵安郊行(诗)	(明)方向	151/10

安陆府部外编　职方典第1150卷　第150册

(府志)三女桥有崔公祠，弘治中有人自蜀中来，遇姓崔人寓书一函，曰：余有宗人住京山三女桥……151/18

590

湖广襄阳府部 151/21—27

襄阳府山川考 职方典第1151卷 第151册 (府志)

(本府、襄阳县附郭)隆中山：在县西30里，有隆中书院遗址，即孔明读书处。有十景：三顾堂、六角井、古柏亭、躬耕田、梁甫岩、抱膝石、老龙洞、小虹桥、半月溪、野云庵。 151/21

阳桥山：在县东南50里，近桥故名。春秋纪楚为阳桥之役。 151/21

石梁山：在县西30里，形似桥梁，上有庞德公祠。 151/21

襄阳府关梁考 职方典第1152卷 第151册 (府志)

1/本府(襄阳县附郭)16桥：延生、习池、檀溪、砲石、汉江浮桥、隐德、香里等桥。(余略) 151/26

砲石桥：在县北十里，宋吕文焕守襄阳，元兵立砲石于此。

汉江浮桥：弘治间，都御史沈晖、副使王[illegible]造舟凡72只，霜降水涸则比之而加板其上以通行旅。今废。

2/宜城县九桥：利济、鲤鱼、朱南、林济等桥。(余略) 151/26

3/南漳县13桥：万善、流化、清凉、武宁、丁兰、石花(余略) 151/26

4/枣阳县29桥：南石、美儿、弦水、犁铧、優游、华阳、蟠螭、

20×20=400(京文) 591

151/27—54

高桥、十八里、宾旭、姑嫂、昔桥。(今名) 151/27

5/谷城县一桥：滚子济桥 〃 〃

6/光化县七桥：泥河、渔泉、红崖、垒桥。(今名) 〃 〃

7/均州八桥：分道、天津、大堰、步云、摘星、禹迹、管桥(今名) 151/27.

襄阳府古迹考　职方典第1154卷　第151册（府县志合）

(本府)狮子桥：在潼溪北，通响水洞，每遇涨溢，从桥下引溪水注入。 151/38

襄阳府艺文　职方典第1156/1157卷　第151册

汉江浮桥记	(明)曹璘	151/48
习家池记	(明)王从善	〃 〃
隔汉江寄子安(诗)	(唐)鱼玄机	151/53
大堤曲(诗)	(明)李梦阳	151/54

20×20=400(京文)

592

湖广郧阳府部　　152/6—19

郧阳府关梁考　职方典第1159卷　第152册　(府志)

1/本府(郧县附郭)三桥：永济、神傍、东门　152/6

2/房县三桥：板桥、西河、北河　"　"

3/竹山县三桥：铨石、仙济、麻家　"　"

铨石桥：去县西五里。广一丈二尺，高二丈，长五丈，栏杆旁立观音堂以镇压之。军吏顾为、偕弘广所造。年久倾圮，万历三年监生欧阳汇捐金重修。

4/←竹谿县二桥：积庆、祈嗣　152/6

5/保康县二桥：惠政、通惠　"　"

6/郧西县12桥：偏桥、胜兴、永恩、永旅、客桥、天桥(余略)　152/6

天桥：去县西20里，高11丈，有五、6年研。绝崖二丈，高不可济涉，用板接于石，如天设然，故名。明员外许伦造，此书天桥二字勒于石，今尚存。

郧阳府艺文　职方典第1162卷　第152册

题上津(诗)　(明)刘峻　152/17

郧阳府部纪事　职方典第1162卷　第152册

(府志)法公和尚，梁时人，有禅机智慧……即今月明庵、湘溪、花鑽峰桥、紫观寺皆坐禅处，后脱化而去。　152/19

20×20=400(京文)

593

湖广德安府部　　152/24-30

德安府山川考　，职方典第1163、1164卷　第152册　（府县志合）

（本府、安陆县附郭）紫金山：在府署东。明一统志：在治西20里，峭壑斗绝，石色如紫，上有跨鳌堂、含金泉、千金坊、万金桥、金湖口，总称为五金。……　152/24

石巢山：在府西30里。势接白兆，其形如巢。152/24

（云梦县）货囊港：通好石桥即寒溪，令狐楚偕香林逸绘雪中诗书图处。　152/26

（随州）桥楼山：△在州西150里，顶有桥楼寺，传云鲁班所造。有石龛供鲁班像，有石匣在地中，稍深，鲁班器具藏于下。　152/27

天桥山：在州西南160里，下有娲皇洞，洞中有泉，左有石桥遗址。　152/27

劝羊畈：有石羊三，一羊在石桥边，二羊在畈。152/28

德安府关梁考　职方典第1165卷　第152册　（府县志合）

1/本府（安陆县附郭）41桥：金堤、周家、三板、万桥、钟孟、云梦、孝感、中安、好石、武昌、金鸡等桥（余略）　152/30

2/云梦县12桥：万金、先觉、擂鼓、王洗、陈理、倒石（余略）152/30

3/应城县19桥：太平、凌水、平桥、郎君、母猪港（余略）152/30

△太平桥：一名旋利桥，在县南二里，元至正乙

20×20=400（京文）

594

152/30—31

西偏此有石塔，镌太平二字。

郎君桥：在治南20里，嘉靖末年黄翔议建。翔让好义喜捨，所造石桥如小北门、東、三里、七里、双桥、西小街口、黄祠港及汉川新陂费数千金。此据林云同、趙翔傳，此据吳百朋咸徵，余引绪记。

4/孝感县53桥 152/30—31

理丝桥：在县東八里，或称巫者李氏建，遂讹为李師，旧傳織女理丝于此故名。万曆时重修。

绩麻桥：世传居民女绩麻所建，今讹为七马桥。

鲁班桥：在城東30里。

此外有：西湖、深涛、袁公、二公、明水、貞惠、雲公、院藏、女人、公姑、凤台等桥。（余略）

5/随州22桥：汉東、步丰、紫石、高家、光化、回龍、姑桥、嫂桥、苏桥。（余略） 152/31

高家桥：在州城外一里，明重修石桥五眼，今名五眼桥。

回龍桥：在州北25里，明成化11年僧募修。

6/应山县23桥：惠化、渡蚁、杜仙、汉东、月港（余略） 152/31

渡蚁桥：在县南一里，即宋郊編桥渡蚁处。

德安府祠庙考　　职方典第1167卷　　第152册（府县志合）

(孝感县)鲁班祠：在今壁村桥桥山东。　152/40

(本府)大佛寺：在府城东八里段家桥。　" "

(应山县)十方庵：在广蚁桥东北隅。　" "

德安府古迹考　　职方典第1168卷　　第152册（府县志合）

(本府)桓温城：亦曰新城，治东18里，紫石村故址存焉。晋永和五年，大司马桓温所筑。旧志载涢水径其下。今考紫石桥涧水流货卸港好石桥以入于河，非即涢水也。　152/45

(孝感县)仙姑洞：……相传有二人秉烛入，行约20余里，忽见天日，溪水阻之，深不可渡。有断石桥。隔溪茅屋骈列，花木蕃盛。溪边一女汲水，遥语二人曰：此非尘世也，渡此不复返矣。二人遂归。　152/47

(随州)骕骦陂：在随州城北唐城白云乡。左传唐成公有两骕骦马。今唐城镇有骕骦桥，并石刻三字犹存。唐胡曾诗：行：雨色一荒陂，因笑唐公不见机，莫惜骕骦输令尹，汉东宫阙早时归。　152/47

紫石长桥：距城西60里，隋侯有女曾修行于此地，鹤为引径，虎为开山，乘白牛而来，因号白牛

152/47—153/5

地。又移石于池寺，因有响石坞，其石尚存。童子可摇之而动，数百人扛之不起，击之则声闻数里，琅琅然。旧有碑志其事。 152/47

渡蚁桥：去在山县内，宋庠宋祁少时读书法乐寺，有蚁穴，为暴雨所侵，作竹桥渡之。 152/47

德安府部艺文　　永乐大典第1170卷　　第152册

李公桥记	(明)宗　彝	152/52
石门寺（诗）	(明)杨　山	152/58
渡蚁桥（诗）	(明)李　元	152/60
漾水浮桥（诗）	(明)赖　李	152/59
登木白岩桥（诗）	(明)杨　俊　一	〃 〃

德安府纪事　　永乐大典第1172卷　　第153册

(府志)张楷字公超，隐华山谷中，能为五里雾，有玉诀金匮之学，坐在立亡之道，人学其道者，填咽如市。尝跨驴至云梦县卖药，今县有会仙桥云。 153/5

20×20=400（京文）

597

湖广黄州府部　　153/10—18

黄州府山川考　职方典第1133-1135卷　第153册　（府县名合）

（本府）（黄冈县附郭）太平港：即塔石港，在县北160里中和乡太平桥。153/10

（蕲水县）板桥山：在县西南45里。153/11

斗方山：在县东50里……上有罗汉洞、百合洞、飞来石梁、石磉、石柱。153/12

石崄：在县东北60里，石梁横截河中，飞泉瀑布有声。153/12

麻桥港：在县西15里。153/13

官桥港：在县西40里。〃〃

（罗田县）石桥陂：在县东20里，即旧之石桥镇。153/14

（麻城县）化龙池：△西距县十里樊家桥下，俗呼巨鲤化龙。153/15

（广济县）[illegible]山：在县東，……下有卧云桥……153/18

龙头山：在县东55里，……东五里为双城驿，驿东有桥为黄梅界。……153/18

连城山：临连城湖……下有连城桥，即龙坑大桥与滕坑桥相去十余里。……153/18

太平山：在县东南60里，……西里许有花关桥，云关索经此往襄樊，以剑击桥石，居人为立祠祀关公及索。……153/18

20×20=400（京文）

598

153/18—23

登高山：在县南里许。南行数里有桥曰七里桥，旁有亭曰山色亭，庵曰仰天庵。……　153/18

盘塘山：在县南60里，……最高处为望儿脑有蔡大官升天遗迹。相传大官名广福弟广善，唐贞观间敕为神。神初降于朱家桥，继隐于张胜側，兆升于望脑。……—　153/19

黄州府关梁考　职方典第1176卷　第153册（府县志合）

1/本府（黄冈县附郭）39桥　153/23

鼍龙桥：古志云在县前。昔有一鼍出没水中，状类龙，因以名桥，今无考

孔子河桥：即问津处，一名孔叹桥。明万历35年知县萧端徵募修。

△阆苑桥：在阳逻镇蓬莱寺前，明天顺七年僧祖真重造。

相隐桥：在安国寺前韩魏公读书堂之侧，俗名和尚桥。

永清桥：即盘石渡，在团风镇北五里，明正统中知府余清造。土民暗毁，设渡射利。正德中知府余贵修。嘉靖中陶仲文重建，崇祯中知府杨通宇

153/23—24

合黄麻两邑官绅重修，于地筑堤勒石表志。今桥存而石堤渐毁，夏秋水涨，行者苦之。

贺婆桥：在县北五老乡青坛山溪间，相传前代贺婆造。

望仙桥：在县西160里，相传麻姑仙女遗迹。

此外有：一字、清平、步瀛、赤壁、玉壶、王相、长清、觅儿、行祠、鱼博、甘桥。（余略）

2/黄安县10桥：銀锭、行祠、老寳、大石、高柳（余略） 153/23

3/蕲水县21桥 153/23

绿杨桥：距县东一里许，旧为一溪桥，因东坡醉卧桥上作词，有醉卧绿杨桥之句，遂更名焉。

凤皇桥：在县西五里邑人丘寿中妻杨氏造。

六神港桥：在县南20里节妇李黄妻程氏造。

此外有：城角、三望、大马、书街、麻桥、菊花（余略）

4/罗田县20桥：霸城、将军、觅儿、玉红、花石、普豆（余略） 153/24

将军桥：在县西门外石刻将军形，元已毁神像，邑太守汪之洪重修，今废而复修之。

玉红桥：在县东40里今废。何锦汝玉红泉诗即其地也。

5/麻城县19桥：除下列外有：红石、相公、祖公、望普（余略） 153/24

600

153/24-25

第　页

望仙桥：在县北三里，县志在县西二里，旧传为麻姑升仙处。

岐亭桥：在岐亭东门外，去县70里，宋陈慥与苏轼会此。

聚贤桥：在县东15里，俗传为元学士虞集故里。

塔儿桥：在南门外二里许，有小浮屠级铸佛相，上有宋咸平二年识。

李沐官人桥：在县西20里官田畈，里人李沐造。沐初为掾吏，行案取堂上鼓，中有云：禄要紧绷，密钉，桩去远闻，旦晚闻声，阴晴一韵。主者赏之，绝令就学，后中顺天乡试，至今土人呼此桥为此名。

6/黄陂县15桥：平易、大板、黄埔、沙港、花石（全略）153/24

大板桥：去小板桥50武，宋嘉定16年造，明永乐间重修。桥下石如笋四，石山有仙人足迹，即十景之一。

黄埔桥：在县西数百武，世传宋太祖微时过此，求水于黄埔，埔以酒进，且曰：酒禁严勿泄。后即位，锡金邑推酤。

7/郑州10桥：滑石、大明、排坪、转蓬、横串、芭茅、中心（全略）153/25

大明桥：在赤东湖口，嘉靖丁酉岁众乡人捐

601

153/25—41

赀募造，下甃以石，凿30口，屹然百世之利。

横车桥：在州北两(?)18里官路，以木为之。史谓金人犯境，知州李诚之迎击遇下，横车大破之。

8/广济县29桥：濑秀、揺水、松阳、连城、大金、栗木（余略）153/25

连城桥：僧自强募修。

9/黄梅县15桥：辞母、芦花、马头（余略） 153/25

辞母桥：在利道门外，俗呼射弹桥，相传五祖辞母于此。

黄州府祠庙考　职方典第1178/1179卷　第153册（府县志合）

（蕲水县）觉公庵：有三：一在麻桥，一在兰溪，一在巴河镇。153/37

斗方寺：在县东50里，唐同光元年无着禅师建，元末废，洪武时僧心節重建。相传鲁般曾欲造石殿于此，谩众僧曰：今夕坐待鸡鸣则成矣。众故以假作鸡鸣，石梁柱础有形已者落山顶，有未形已者落半山中，皆有雕龙绣虎之状，非凡人间所为。今尚存。 153/29

（蕲州）宝山寺：在永福乡彭思桥宝山之巅。 153/41

茶庵：在永福乡彭思桥，卢氏香火。 〃 〃

20×20=400（京文）

602

153/47—48

黄州府古迹考　职方典第1180/1181卷　第153册

(本府，黄冈县附郭)孔子使子路问津处：在县北90里，孔子自陈蔡适楚至此。上有讲经台、晒书场，下有洗墨池，其坐石至今草木不侵。有石砚，雨下墨水浸出。下有孔叹桥，旧为孔子河。河北十里曰回车埠，孔子自此反蔡焉。东隔三里许曰叔子港。其左右为长沮墩、桀溺冲。有石刻子路问津处五大字。楚狂歌凤亦其地也。……　153/47

大崎山：距县东北160里，山势巃嵸，飞瀑下注。上有寺曰能仁，创自贞观。寺前有涧，寺内有古楼。昔时有道人居，涧水下注，僧多瘿，……　153/47

赤壁：在汉川门外，距城数武，宋苏轼游此作赋，……今所存惟东坡书满庭芳一词耳。又有……清风楼、其适轩，明末悉为灰烬。清康熙间知府于成龙重为修造，榜其堂曰二赋堂。　153/47

海棠桥：在城北，桥侧多海棠，故名。宋秦观尝醉卧此桥，留词其上。今废。　153/47

杏泉：在岐亭杏花村，有杏林、杏泉，昔陈季常隐居处。亭为苏轼携子迈与季常游宴其上……　153/48

春草亭：在县东南，宋韩琦建。今安国寺侍有

20×20=400（京文）

603

153/48—51

第　　页

相隐桥，读书堂昭公遗迹，今俱废。……　153/48

问鹤亭：一名横鹤，在赤壁东坡之祠前。又清风桥南有亭曰梦鹤。　153/48

栖霞楼：在县西南，宋李颙守黄时建。好载诗：地据淮西尽，江吞石壁宽。长公诗：黄州在何许，与子上栖霞。又其前诗云：赛容天在水，春色柳藏楼。长公为春色而春愁。又苏有词云：小舟横截春江上，卧看翠壁红楼起。谓此楼也。　153/48

（鄿水县）绿杨桥：在城东。杨色苍翠，苏轼曾醉卧其上，作绿杨桥词，故名。　153/49

（麻城县）桃花坞：在七里桥。溯洄数百亩皆植桃花，村落亭榭相间，花时游人杯酌无虚日。今惟兔葵燕麦矣。　153/50

望仙桥：在县西二里，旧传为麻姑升仙处。　153/50

（黄陂县）板桥：在西郭外，伐石为桥，上有仙人迹。　153/50

（广济县）四高楼：在城门外，即文昌阁旧址。楼下为梅浦，植梅千树，临浦构亭，沧浪桥跨之，与楼为掩映。　153/51

（黄梅县）松风亭：在太平桥之左，宪副曾麟所建，编有石公诗句。　153/51

20×20=400（京文）

604

153/56—154/11

第　　页

黄州府艺文　职方典第1182、1183、1184、1185卷　第153、154册

篇名	作者	册/页
游黄州东坡记	（宋）陆　游	153/56
浮桥记	（明）程敏政	153/58
游峥山记	（明）茅瑞徵	153/61
白湖滩桥记	（明）徐　霖	153/62
黄州（诗）	（唐）方　干	154/2
齐安郡中偶题（诗）	（唐）杜　牧	154/2
雨中寻清凉寺（诗）	（宋）魏了翁	154/4
柯山园四首之一（诗）	（明）吴国伦	154/6
宝润桥八首（诗）	（明）刘南金	〃　〃
西江月（绿杨桥）（词）	（宋）苏　轼	154/8
西江月（和东坡绿杨桥词韵）（词）	（明）官应震	154/9

黄州府纪事　职方典第1186卷　第154册

（府志）王相黄邑诸生，邑东苦水，相一日渡，见妇人为少年所侮，以钱济之。因捐金造桥，里人德之不敢忘，呼王相桥。154/11

吴国谢重谊乐施，常于贫不能殓者助之棺，置桥井四十余处，民称便焉。诏徵不起，御书西山字赐之，因造御书楼，人称西山先生。154/11

崇祯八年乙亥春……流寇张献忠焚掠黄冈枫香桥一带，邑文学邓云程兜甲枕铁鞭，率领乡

20×20=400（京文）

605

154/11—15

第　　頁

兵数千人格斗退之。…… 154/11

黄州府部杂录　职方典第1186卷　第154册

(东坡志林)黄州东南30里为沙湖，亦曰螺师店，予买田其间。因往相田得疾，闻麻桥人庞安常善医而聋，遂往求疗。安常虽聋而颖悟绝人，以指画字，书不数字，辄深了人意。予戏之曰：予以手为口，君以眼为耳，皆一时异人也。疾愈与之同游清泉寺…… 154/12

黄州府外编　职方典第1186卷　第154卷

(府志)异谈：卢守黄诞日假寐，梦出黄州一字门织染桥东，越数家有妪馈己，中有糍糕，厌饫而返，及觉，夜腹犹香。密令椽侦之，见老妪设祖奠其亡夫，糍糕其生所嗜也，亡32年，公岁与诞日皆同。椽还报，召妪赠金，仍为理化生家。 156/15

20×20=400（京文）

606

湖广荆州府部　154/18—27

荆州府山川考　職方典第1188/1189卷　第154册（府县志合）

（本府）（江陵县附郭）大晖山：自八岭山至西城北长冈绵亘，上建大晖观，观旁乱松偃蹇，长桥跨水，据一郡胜概。154/18

蛇如山：在城东十里塔桥之北，皆故家马鬣也。154/18

离湖：在东75里今犹有离湖桥，故存其名。……154/19

郢里洲：……三国志：夏侯尚围南郡，作浮桥渡百里洲即此。盖百与郢声相近也。154/19

浩口：一作蒿口，涌水经此入湖，当潜江之界。旧桥曰通仙，相传吕帝圣故迹。潜阳志列为八景之一。154/20

高氏井：在子城内，高王后苑之井。宋兵入城，继冲以桥塞井内，人多堕死。后人植柏此祠其上。154/20

（彝陵州）荆门山：在江南岸，与虎牙山表里相对，上合下空，有若门，俗一名仙人桥。……相传即公孙述作浮桥处……154/23

（长阳县）石桥山：在县东三里。154/24

（宜都县）五眼泉：在县西25里石桥头，有五窍涌水。154/25

（远安县）香桥湖：在县西60里，流出百井山。154/25

（兴山县）五指山：在县东40里，一山五峰宛如一掌，故以五指名。上有铁瓦殿，仙人桥。……154/27.

20×20=400（京文）

607.

响水涧：在县东五里……一再进少许，仅一石桥悬架于两岩，其下波沸如雷，世传有龙居焉。154/27

(施州卫)天成山：在卫城南15里，上有天生桥。154/28

荆州府关梁考　职方典第1190卷　第154册

1/本府(江陵县附郭)36桥　154/33

通会桥：在府城西众水之会，下有铁窦大渠。明弘治乙丑重修。

板桥：一在沙市，一在郡北明成化中建，长半里许。

○王猛桥：在府治东北，俗名海子桥。后秦王猛孙镇恶居荆州时留，故名。

此外有：张华、华庭、偬军、杨槐、秘师、白水、堤兜、白鳝、分水、变河等桥。(从略)

2/公安县37桥　154/33-34

△车公桥：在西半，相传车公曾居此故名。明万历中邑人杨福修。

○浮金桥：在县第穗村命公处。相传桥未成时，有僧以金浮水上渡人，因有此名。今误作浮洋桥。

○石马桥：在王襄简墓，河中有翁仲石马，故名。

○板桥：在东北二里，有皂荚树每科分连乡试以

154/34—

结实之多寡验贤书之数目，县令每年祭祀。世传人踏板桥霜，即此。

和尚桥：桥甚峻阔，洪武初僧智昶造。今人呼曰紫薇桥。

此外有：三穴、黄铁、白马、银杏、湖尾、大阳、判官。(余略)

3/石首县26桥 154/34

黄金桥：在县南三里，以黄金堤得名。

黄陵桥：在县西南25里。相传黄石公曾驻此，今桥有地名黄石圻。

照影桥：在县西八仙山下。相传有仙人于此照影。又云：汉昭君夫人照影于此。

断阁口桥：在县东20里。宋杨幺作乱，断阁口以通舟，后置为桥。

问食桥：在县西20里。相传曹操于此问食。

白洋潭桥：在县南三里，与黄金堤相连。嘉靖十年水冲决，堤桥俱毁。14年邑人戚光启捐修。18年知县吴世案拨丁粮夫增修。历年来鸠工如旧。盖此防江堤南樊间堤，田庐城郭攸关故也。

成鄂桥：以戚家得名，元木桥，后兵部尚书王之诰往来城市，改修砖桥，广一丈二尺，长四丈，石

609

154/34-35

柱屹立，狮象啣水，巨观也。今圮。

吴王桥：在州北50里。相传吴王所置。今圮。

此外有：龙塘、杉木、三尺、戎家、花桥。（全略）

4/ 监利县13桥：燕泉、马鞍、芒口、满心（全略） 154/34

马鞍桥：在县东15里，曹操败走于此，覆鞍以渡。

5/ 松滋县10桥：湘王、虎尾、天星、三汊水（余略） 154/34

湘王桥：在草埠，湘献王所建。

三汊水桥：由竹园寺陆行70里至三汊水。其河三水交流，积潦暴涨，泽间澎湃之势，木植无处可着。然王师勒舟以渡，官民编手无之力无成于一旦。故不桥时又归乌有。是桥与水争去留于顷刻间耳。

6/ 枝江县八桥：天生、花溪、西净、天星。（全略） 154/34

天生桥：在县南二里三郎溪上，两岸逼近，水中卧巨木如天生然，故以名桥。

7/ 夷陵州五桥：广福、普济、奎公、仙寿、雁家。 154/34

8/ 长阳县11桥：西来、花桥、青龙、仙人（余略）

花桥：一在县南安泽乡，一在县西安宁乡，传近自之，镌有花草，故名。

9/ 宜都县20桥：文峰、观音、木绎、三义、润波、平津（全略） 154/35

10/ 远安县21桥：深水、偏桥、延寿、白土、火烧（全略） 154/35

20×20=400（京文）

610

154/35—59

偏桥：悬岩半山横一石径，状如桥，故名。

11/归州六桥：凤凰、通济、万寿、高桥、舒溪、香溪。 154/35

凤凰桥：在州南十里，相传曾有凤凰止于此。

12/兴山县五桥：东门、三里、渠村、深渡、竹溪 154/35

渠村桥：地原无桥，因两山之夹险而有阻。康熙二三年间创造木桥，寻被水衝圮，遂下镇巨石，上缚长缆，往来利涉。

13/巴东县九桥：普庵、寿宁、见龙、兆凤、思阳（余略） 154/35

寿宁桥：在寺前，僧园勤造以石。

14/施州卫九桥：盘龙、天生、蹲鲸、跨虹、凌虚、便冬（余略） 154/35

便冬桥：跨麒麟溪上，以木为之。凡七间，共十五丈。溪水冬落不便于舟，春夏水涨，不便于桥。

荆州府古迹考　职方典，第1195/1196卷　第154/155册（康熙古今）

（本府）安兴县：唐贞观间省入江陵，今尚有安兴桥，沿故名也。桥之水曰安兴港，…… 154/58

梅槐村：盛弘之曰：以梅槐交生而得名。或讹作梅回非也。今城西有梅槐港，梅槐桥。 154/58

洪亭村：……今城西上洪桥、下洪桥一带盖洪亭之遗。 154/59

20×20=400（京文）

611

154/57 — 155/18

東華橋：在城東草市岳山橋，昔令孔貞一處。154/57

（公安县）先主営：在油江口今板橋一带，壁壘参差，溪流宛轉，疑即其故址也。155/1

濯足池：在石馬橋，相傳洞賓濯足于此。又云旧有碑题回回道人濯足处。155/1

西莊草亭：在板橋，孙王恂别墅。其自记曰：西莊王氏之故庐也。155/1

（石首县）照影橋：在县西楚望山下相傳孙夫人照影于此。155/1

（彝陵州）楚西塞：即荆州虎牙山公孙述作浮橋处。155/2

（宜都县）仙人橋：在十二碚绝顶有石橫跨两壁如橋梁然，疑出神工鬼斧；又有石低垂，長约丈余如象鼻。155/2

断岸垂虹：在西门外有太平三義橋，二橋横跨断岸如垂虹然。155/2

荆州府部藝文　職方典第1193/1194卷　第155冊

送薛郎中從出荆州　（唐）孙逖　155/14

過巴東遇小雨（诗）　（宋）陸游　155/17

晚行巴东（诗）　（唐）王維　155/15

荆州府紀事　（蜀志）張飛從先主入荆州。曹操破襄阳，追先主至当阳之長坂，棄妻子走，使飛將20騎数后。飛據水断橋，瞋目横矛叱之曰：我張翼德也，可来共决死战。无敢近者。先主定江南，以飛為宜都太守。155/18

20×20=400（京文）

612

湖广长沙府部 155/28—32

第　　页

長沙府山川考　职方典第1204卷　第155册（府县志合编）

（本府长沙县附郭）濁水：平地湧泉四漏。一从流水桥下出；一从潮宗门出；一从通货门下侧出。155/28

（善化县）穿水：从城内東至善化县学前向城右出至西湖桥入江。一在旧南门出；一在府学右出；一在普庵桥出。155/29

濁水：一在察官后；一在小西门；一在上塔桥。155/29

（湘潭县）龍王山：一名隐山，在县西南110里，……唐开元僧崇师北遊经此山，見浮菜随涧水流出处，有茅菴，老僧居焉。参问久之，僧不答。夜半火其菴遁去。留诗石壁云：三间茅屋从来住，一道神光万境閒；莫把是非来辨我，浮生穿鑿不相干。故后人又名为隐山，因菜叶之事又延流叶桥。155/30

虎穿井：在县西80里中路市虎穿桥畔。相传崔生所遇虎化为妇，藏皮于井而名也。155/31

（宁乡县）大溈山：在县西150里，高30里，亘140里，層巒絕巘掩靄雲中。自祖塔入回心桥，水木清華，如行桃源輞川也。……155/32

龍凤山：从楮茹之山逶迤而行十数里，峙为高峰，若蜿蜒而昂首，踞花桥之原。稍行而右，一枝

613

155/32—39

穿重峰间，桥两傍翼，如凤之翔，故名。…… 155/32

(浏阳县)古凤岩：在东乡第十都，距县50里。岩邃数十里，与毛公岩、白石岩相通。中有佛床、钟、鼓、棋枰、桥梁、石柱，皆白石生成。岩中黑暗，明火可照。涧水内流伏隐奔洞上桥头，下至洞口复出，灌田百余亩，又名仙人洞。 155/34

濯川：在县治东孙隐山之左，其源出道吾，今洗药桥港是也。过桥入浏，世传孙思邈洗药于此。 155/34

药井：△在孙隐山洗药桥下。孙思邈炼丹此山，有泉出于老树穴中，清冷可佳，思邈取以洗药，故名药井。一统志作洗药井。 155/34

(醴陵县)渌浦：在县西90里，即今渌口姜湾姜岭下。自小沩山36折经县北过江椿桥入于渌江。 155/35

金鱼洲：△在县西南渌口桥下，形如鱼，八景之一。 155/35

(湘乡县)菊泉井：△在县郭内，水香气如椒兰，酿酒味胜。……后江水崩溃，失井所。宋乾道间，邑宰黄良辅改凿于万岁桥西，盖以识其迹云。 155/37

(安化县)白泡塘：在永利桥东，深广澄清，浮涌如泡。 155/39

(茶陵州)桥梁山：在州西南70里。两山相对，其岭可跨两梁也，故名。 155/39

20×20=400（京文）

614

155/43—44

長沙府关梁考　职方典第1205卷　第155册（府県志会）

1/本府(長沙县附郭)29桥：湘水、司马、在市、迎恩、乐棚、漆水、谷漂、寒水、莲花、洗药、鹤鸣、尚宗等桥(余略) 155/43

2/善化县45桥 155/44

王道桥：在南门外，俗名金鸡。年久居民病涉，万历间，知府吴查中等道金、巡道徐栻石甃之，郡人布政使周宿记。崇祯冦薄城下，以木代石，废为隍池。

洗药桥：在县学南，相传孙真人洗药处。

濲湾桥：在县西过江五里，下通小河。嘉靖元年吉简王造石甃，知府杨表修，以其关王祠镇焉。

募桥：在濲湾桥前，郡人王垂冠捐银百余两，伐石甃阔大，又筑长堤，人多利赖焉。

仙人桥：在县西，传有异人憩于上，足迹犹存。县丞黄恒修。

此外有：三元、延寿、大椿、西湖、暮云、新垻、晴晚、咏归、渠梯、赤竹、黄土、道溪、方古等桥(余略)

3/湘潭县28桥 155/44

虎井桥：中路市，传崔生遇虎化为妇，藏皮于井，故名。

流华桥：在县西南100里，因医师见某药自隐

20×20=400（康文）

615

155/44—45

山流出，故名。

△青山桥：胡康侯读书处，因康侯字青山故名。

○状元桥：去县西100里，以第状元王容读书桥侧故名。

△方上桥：去县西60里，以其旁有方上寺故名。

此外有：燕子、大步、昭阳、暮云、阿里、龙蛇、梅林、青云、青龙、大花、小花、四龙等桥。(全写)

4/(湘阴县)34桥　　155/44—45

△湖风桥：在忠靖墓前。昔人浴乎湖风乎桥上故名。

○脍鱼桥：在治东60里，一名斫鱼。晋太康年四月八日陶侃家有斫鱼于桥者，忽报家失火，遂弃其鱼。后每岁是日鱼来于桥上。

○息波桥：在县南。宋邓氏母因湖水泛滥近，俗呼邓婆。行人德之。德祐时桥毁，官复之。元初又圮，州人黄仲锐湘阴令子惟毅率众南北造石岸，中垒石为高柱，布木石上，为屋九楹，易名镇湘。后弟惟贤惟德出千金，募众2500金，易以石，上为大屋，中为道，左右为市肆，至今赖之。元余阙有记。

文昌桥：在儒学前，文名魁星。江之水拱于学宫，桥卧其上，又在邑南，故名。嘉靖13年桥圮，知县

20×20=400（京文）

616

158/45

刘璧修之，32年又圮，张鳌重造之。

此外有：梅子、戚江、熊家、林木、杉木、大黄、棠梓、高车、位子、石紫、黄板、裘石等桥。(全略)

5/宁乡县50桥 155/45

△鲁家桥：在县南140里张南轩墓前，久废。崇祯末年陶密庵及文助修之，今存。

○长桥：张南轩诗：西风吹短鬓，复此傍长桥。木落波空阔，亭孤影独摇；徘徊念今昔，领略到渔樵；拟有山中隐，思谁为一招。

云龙桥：在青云桥下30步。明嘉靖12年知县黎民皞砖甃之。御史胡瓒有诗。

清湖桥：在玉潭桥前半里，宋邵周记，久废。至崇祯初年，邑人刘鸿鸣子生员当邦，监生崇邦重造石桥，迁于下数百武，长广倍昔，进士周堪赓记。数年以水淤不克复，至今有病涉之叹。

此外有：大胜、河野、满矮、砥竹、千佛、青叶、鹅璇、东坏、杨梅、大栗、侧石、歇马、华峰等桥。(全略)

6/浏阳县26桥 156/45

○浣药桥：在如隐山下乃孙思邈浣药之浮川桥也。

√韩家桥：在西乡韩家滩上距县十里，僧人垒石作伸。

20×20=400（京文）

617.

155/45—46

此外有：浦子、雨流、棕相、枫梨、郁塘、竹莲、普通、厳符、红丝、百子、高峰等桥。(余略)

7/醴陵县41桥 155/45—46

○渌江桥：距县南百步。水出江西安陆山。宋令创为石墩，元至正间重修。壬辰毁，明洪武12年主簿王祺修复。永乐再毁，成化中任道重修。复圮，知县龍章重建五墩桥，屋49间，万历癸巳知县易朝宾再新，上建凭虚阁，下建百櫺刹妙而寮。末年火毁，天启甲子署县通判萬一鹏重建。

二圣桥：張南轩、吕东莱讲学处，南二里，今人讹为二王。

清潭桥：距治东20里。周谔诗：潭水沈沈树影疏，往来桥下隐双凫；波光终日清連底，過者惟知坐看鱼。

此外有：龍山、枫树、黄梁、铁山、符範、明兰、仙石、泗汾、江春、断桥、金牛、八步等桥。(余略)

8/益阳县19桥：金城、銀城、浮丘、迎凤、揽秀等桥。(余略) 155/46

9/湘乡县38桥 155/46

崑崙桥：去县南一里，葉廉使記，崇祯间重修，名青云桥，以其近学宫也。

20×20=400（京文）

618

155/46—156/9

此外有：鸕鷀、芭蕉、龍鳥、定胜、视仙、绯紫、发尺、大益、夏阴、发祥、先主等桥。(全名)

10/ 攸县17桥：丹陵、公义、侧桥、同乐、重兴等桥。(全名) 155/46

丹陵桥：计三墩，亭17间，在此江乡，去县90里，知县徐弼明造。

重兴桥：在县西25里。宋宣和六年勇禅师造。明洪武戊申沈氏重修。

11/ 安化县51桥：雷鸣、梦遊、瑞笔、园山、知津、復兴、石株、思亲、卧龍、正阳、调竹等桥。(全名) 155/46-47.

12/ 茶陵州23桥：洣水、屏风、陂缘、雇富、大药(全名) 155/47.

長沙府祠庙攷 职方典第1210/1211卷 第156册 (府县志合)

(湘阴县)旧罗庙：△在汨江上，县北60里。水经曰：汨水北有屈原祠，庙前有碑。今废。洪武二年知县黄思让重建。有纆缨桥、独醒亭。……—— 156/7.

公安二圣祠：△在镇湘桥之侧。 〃 〃

(湘乡县)贾太傅庙：△在杨木桥，祀贾谊，今废。 156/8

(本府、長沙、善化二县附郭)洗药庵：△在县西，晋王·淡水由庵右遠前，今淤。僧特昇诗：渠水源从故苑来，宫中脂赋旧潆洄，溪流已共昭阳改，岸树空余劫

20×20=400（京文）

619

156/9—21

火灰；沈询有仙留胜迹，愁将见地吊丛台；幸隣泮壁存文献，时将宫想到谁台。 156/9

(醴陵县)湘山寺：去治西90里，前有古井。曹之璜诗：……信度不将归会涧，花开双蝶戏金津—— 156/11

仙霞寺：去治北40里……又文仕傑诗：王云天外一高山，左割分明指掌间；明月清风随处满，断桥流水伴僧闲；……—— 156/11

(安化县)洞天观：在县东40里罗遏洞上，下有瀑布泉，仙人桥。 156/14

长沙府古迹考　职方典第1213卷　第156册（辑县志合辑）

(本府)白鹤楼：在城外西湖桥下，白鹤观也。宋时较近城上，尝有鹤群绕之。今废。 156/20

(湘潭县)陶公山：在县西七里，晋陶侃卜居于此。山下有陶公钓石，石上有二字：一望岳，一钓鱼。又有陶公潭，陶公桥，洗砚池……今俱见。 156/20

(湘阴县)濯缨桥：古词寺三闾与渔父问答处。按沧浪一曲为湘汉渔歌之谱，一听于尼父，再闻于三闾。然歌其鼓枻而去，其人素有道者。故后人之吊屈子不可遗渔父也。 156/21

20×20=400（京文）

620

156/21—41

余廷心碑：思陂桥为黄仲绂所新，其子惟德、惟贤复修之。惟德之子天禧为余公所取士，故为之记。余名阙，以忠節著于元末，其碑文载入郡县志。156/21

(宁乡县)新阳废县：在长桥东北二里，相传吴初置县于此。今周垣形迹犹存。156/21

玉潭横秀：在薛花岩阳春台之下，石壁澄潭，岸松映照，往家十数，垂柳蔚饶，旧所過玉潭桥处也。156/21

(浏阳县)大湖烟雨：大湖即巨湖山也，在龍伏桥外。烟雨凝翠。失名氏诗：危巅高峰隔龍伏，……156/22

药桥泉石：药桥即孙隐山洗药桥也。失名氏诗：羽客凌霄步月赊，……156/22

(攸县)化人桥：在县东宝山，安福邹守益有诗。156/23

长沙府艺文　职方典第1216卷　第156册

浪淘沙(缪溪春流)(词)　(明)李冕　156/39

满江红(过安化县石桥)(词)　(明)王守仁　156/40

南乡子(湘江秋怀)(词)　"　"　"　"　"　"

长沙府纪事　职方典第1217卷　第156册

(府志)樊哙征南粤，尝居南湖港，有樊哙山、流水桥、肯庙。156/40

(宋史)毛渐传：……知安化……又立学校，拓贤儒立于　桥，作梅山颂刻于石。156/41

20　400（京文）

621

湖广岳州府部

156/51—56

岳州府山川考　职方典第1229卷　第156册（西志府志合影）

（本府、巴陵县附郭）雷鼓山：在府北三里枫桥湖畔，相传孙权葬祖处。156/51

（平江县）太平山：在县西20里，由陈坪驷马桥小溪而入，中有胡仙观，世传为毛法官修炼处。156/53

（石门县）天门台：在县北一里，如台，二小溪会流，台下为天门桥。156/54

（九溪卫）鸣凤山：在卫城東北。古有異鳥鸣其上，故名。山下有石洞，洞内行数里有仙人桥……156/54

（华容县志）太阳山：在游桥。156/55

七女峰：歷熊家桥十里。156/56

（澧州志）車公山：武子生于此，有車公亭、車公桥。156/56

金剛山：在州南100里，一曰红岩山，岩前有淨塵桥、白龍井、清涼亭、眾中寺，唐时所建。156/56

桃花潭：在城西北三里有石桥，並无桃树，水涨有桃花瓣常隨水流出，因以名潭。156/56

（慈利县志）五雷山：乃雷岳也……其顶奉祀真武，有龍头岩、虎跡石、会仙桥。156/56

道人山：在县北十里，石形如黄冠道人，高五丈，面南立，顶有道湾泉、道墩桥。156/56

20×20=400（京文）

622

156/56—157/1

墨子洞：通津桥畔有石垒然，以火照之，灿若荧煌，水自石洞中出，可容数百人。但志有墨子洞二：其一在五雷山，其一在遗笔溪。156/56

岳州府水利附

(本府)永济堤：在城陵矶。明成化19年知府李镜募工为堤，凿石为桥，引水为闸，往来悉便之，号为李公堤。堤长4000丈，广二丈，高以地势为平，或七、八尺，或丈余，树柳以固私坏，日久多冲决，金人患之。清康熙十年知县李栋捐修，凿石为梁于故所置桥处，广二丈，高倍半，长可五倍，其下通舟。156/58

白荆堤：在府东15里，一名紫荆，俗呼垅头渡，有桥名通和。堤筑于宋，明成化八年，知府吴节增之。嘉靖十年知府莆晓重修。41年重加培筑。156/58

岳州府关梁考　职方典第1221卷　第157册　(府志)

1/ 本府(巴陵县附郭)13桥：迎晖、梅略、万由、大桥(全篇)157/1

万由桥：在府东南15里长沙路，原名通河桥。通和即垅头渡桥也。嘉靖八年知府莆晓重创，泰昌元年岳州府推官赵行志重修改今名。清顺治12年重修，改名万年桥。

20×20=400(京文)

623

157/1-3

2/临湘县28桥：教广、封公、游这、栗紫、匡山、礼嘉、株木、赵士、谋贝、仁石、九如等桥（全略）157/1-2

3/华容县22桥：除下列外有：毓秀、青紫、遗安、游桥（全略）157/2

德政桥：在县北衢，旧名思政，宋令赵希哲修改龙津，创为亭。元廉访佥事杨复改回津，明初改德政。

磨镜桥：在县东四里。相传昔有神女磨镜。

板桥：在县东20里，初以板造，后有僧募石砌之，孪竖石栏，创亭其上。正德间重修。

骥源桥：在县东25里，相传马产龙驹因名。

马聚桥：在县东25里，相传乡人郑姓者马产龙驹，有司聚视，故名。

马鹿桥：在县西北35里，相传马鹿剑。

4/平江县29桥：忠孝、碧桂、君子、明月、黄华、演福、黄龄、梅仙、秀水、塔水、回岩等桥（全略）157/2

5/澧州27桥：澧阳、蟠龙、遇仙、明月、杨板、百试、绳渡、立马、镇石、慈應、水平、利涉等桥。（全略）157/2

遇仙桥：在州署南，相传李守遇仙于此。

6/石门县25桥：天门、鹿角、花山、自生、云路、渡虎、青丝、黄莲、花薮、涸洑、三影（全略）157/2-3

7/慈利县30桥：天门、燕公、古洞、锁石、双眼、罗吊、鱼寨、

20×20=400（京文）

624

157/3—25

道人、三义、龙宫、象鼻、油榨、冷水（今名） 157/3

8/安乡县五桥：和丰、石桥、毛晃、新堤、车公。 157/3

9/永定卫八桥：观音、安福、楮木、无津溪、自生、断山（今名） 157/3

安福桥：在卫西门，蛮既平，夏得忠建桥名之。

无津溪桥：在卫城西五里，相传讨蛮至此，相庆无事，故名。

自生桥：在卫城东20里，水南二崖夹涧，瀑溪横石如梁。

10/九溪卫七桥：象耳、皇今、南樟、古磨、石公（今名） 157/3

11/大庸所四桥：武溪、陈公、姜角、鞍子。 157/3—4

岳州府祠庙考　职方典第1223卷　第157册　（四府县志合）

（澧州）唐桥寺：在州北40里。 157/15

东岳宫：在玲珠寺，在数塔澧阳桥北。旧有澧阳古道碑及有车武子囊萤碑，悉毁于兵。康熙三年重建。 157/15

岳州府艺文　职方典第1225卷　第157册

永兴桥记：　（明）廖道南 157/24

岳州府新筑永济堤记　（明）李东阳 157/25

20×20=400（京文）

625

第　　页

湘中三洲歌（三首之一）（诗）	（晋）无名氏	157/25
送岳州李十从军桂州（诗）	（唐）张说	157/26
巴陵村行	（唐）姚揆	157/28
送独孤使君赴岳州（诗）	（唐）僧皎然	157/28

岳州府部外编　职方典第1226卷　第157册

（湘中志）垂拱中，太学郑生晓行洞庭桥，见一女掩袖曰：我孤养于兄，嫂恶，常苦我，今欲赴水，故哀于此。生遂同载与归，号曰汜人。数岁，生游长安，一夕谓生曰：我湘中蛟宫娣也，谪而从君，今岁满，无以久留，欲为诀耳。相持泣而别去。十年，生之兄为岳州刺史，上巳日，生从兄登岳阳楼泛宴乐…… 157/32

20×20=400（京文）

626

湖广宝庆府部　　157/35—39

宝庆府山川考　职方典第1227~1228卷　第157册（府县志合）

（本府、邵阳县附郭）四望山：去郡南120里，……水流数派，流于郡者为资水，源于郡者为堪豆江，会于花桥下而合邵水　157/35

希夷山：峰势秀拔，右有希夷观，为秀真地。其水分流，一出马黾桥入邵水，一出东田入资水。157/35

锡第岭：去县东80里，一名锡山，高挺独秀，俯视郡城，烟景可挹。水泉清冽，下流为罗公桥，历溜田至田家桥入桐水。157/36

曹婆井：在城市东。相传昔有曹婆卖酒，一道人时来索饮，媪辄与之，不索其值。道人临去，与药一丸投井中，水俱成酒。后道人复来，媪致谢云：但苦无糟耳。道人恶其贪，又与一丸投之，仍化为水。极旱不涸，晚则溢出，流至渡花桥，味亦甘美。又邵巷有曹公井。157/37

（城步县）仙桥岩：去治西50里，在大水大固岩，江两岸如磴，俗传仙人所造。157/38

仙人桥石：在县东十里渠山之下。　〃

（新化县）梅山：距治南四里。……宋吴致尧开远桥记云：今荆湖之间有两梅山焉……（章）惇有诗　157/39

20×20=400（京文）

627

157/39—41

三云岛：在县治东70里，过花桥北去，地名麦口。……一县令陈说君爱其胜，名曰三云岛：中曰屯云，南曰留云，北曰起云。又于其间作亭、榭、池、馆、桥梁，自为文以纪之。……　157/39

（武冈州）云山：在城南50里，自麓至顶盘磴而上又十余里，有71峰，相传为72峰，一峰在靖州城外，遂成胜景。……有炼丹池……仙人桥……诸峰纵横窋窱，为州雄镇第一景。……　157/40

双璧岩：在治北90里，入湖北隘径，水从小坪一涧出洞口，两山峭削，右凌绝巘，为小桥以通人行……　157/40

（新宁县）金城山：在县南15里，道书称68福地……天半有七星桥，一石横亘，绝顶突兀，……为新邑十景之一。　157/41

穿岩：在县东百里拱桥。……　157/41

雅洪岩：在县北30里金家村。洞门高迥，水从岩底流出……后人寻觅水源，过板桥数度，炬尽易，犹未达源，甚为幽邃。　157/41

龍宮岩：在县东90里。由江口溯流而登，危桥数度，……　157/41

628

157/44—

宝庆府关梁攷　职方典第1229卷　第157册（府县志合载）

1/本府（邵阳县附郭）51桥　157/44

青龙桥：在城东门外，跨邵水，百丈，民居夹涧，府学纬接，郡要津也。据广宋通志，唐乾宁二年吕咸造邵州石桥，即此。宋理宗为防御使，重修桥墩为五，中植一铁柱，架木为梁，中墩置铁牛其上以镇水怪。万历乙巳大水桥圮，吾县丞罗钦修复，于岸旁诗碑，前并之者亦罗钦，官职乡贯皆同，人咸异之。崇祯末大水圮，知府林龙采重造雄壮，复毁于兵。渐次修复，官兵列肆。癸卯三月炊者不戒，复遭回禄。知府傅尔祥再造，增石鹊拱上，覆以屋，左右列廛阛，以土石砌拱为门，可称坚巩壮丽矣。只何复不戒，知府李益阳因旧重修，18年复毁。今就架木，风雨飘寒，危如累卵。甲子郡伯梁碧海首捐俸银400两，郡丞张文达等各捐银两兴造。

渡头桥：距东小路30里，即甘棠渡，邵伯祠在焉。

穷浮桥：距治南30里，旧名余宗桥。康熙21年信真斗端力募改为石拱之。

浣花桥：在城内曹婆井杨女仙造。

此外有：洪桥、驱之、龙横楼、陵回龙、石头、石碑，

627

157/44—45

龍拱、小水、烏龜、螺螄、九拱、步月、油草、澄阳、马螺（全略）

2/城步县10桥：車田、羅汉、古馬、真良、烏龜祖、牛欄（全略） 157/44-45

3/新化县32桥 157/45

古塘桥：去县西25里。嘉靖年间乡官邹学、耆民曾廷爵募修石梁十拱，未几为水所圮。今复设渡，官倡乡民捐資修木桥，或毁不一。

唐佛真桥：去治西北百里，在永宁三都。巨岩枕流，险阻难渡。唐佛真苦志募修，縱火鑿石，横五尺，高八尺，竟成坦道。

此外有：庆丰、时荣、石龍、回心、扶竹、赤壁、女溪、官庙、方桥、鹊桥、蜈蚣节桥（全略）

4/武冈州20桥 157/45

泮桥：在文庙前，跨渠水。先年木桥数圮。明万历二年知州宋纯仁造石梁二筌，分三道，中高、两旁稍底，上翼石栏，为学宫巨观。崇祯末镇守刘承允加一筌，以肖泮池之形。

安济桥：即水南桥，在薰和门外，跨越通衢。宋宝祐二年唐日宣造。后圮。明万历初，知州宋纯仁重造，石砌七孔，改名梯云。康熙二年，以第三筌欲圮，士民患之，恳知州吴从谦集众重修，仍名梯云。

20×20=400（京文）

630

锦川桥：去城东25里。宋淳祐进士李友直造，即今石羊桥，许名龄记。康熙二年守备吕一韶建经于此，捐赀重建。

此外有：武陵、攀龙、化雨、水韩、木瓜、李八（余略）

5/新宁县30桥

江口桥：去县西二里。明万历戊子，知县彭商英砌墩架木以渡。庚寅，知县汪绍英重增数尺，构亭45间，见碑记。庚戌，知县袁剑芳倡居民林友桐等砌石架木，覆以亭，买田三亩岁收租四石以作修桥之费。甲午洪水冲溃，亭毁，至今未修。

飞仙桥：去治西十里，明万历乙巳，知县沈文采盖亭30间，有碑记。

此外有：上方、复古、锉田、翠丰、西堠、通济、马踏、牛仔、马头、横板、竹枧、石湾寺桥。（余略）

宝庆府祠庙考　职方典　第1234卷　第158册　（府县志合载）

（本府、邵阳县附郭）上蔡庙：神不知所自，祠于东梅塘乡石桥头，遇旱潦乡民争迎祷之，应祈若响。158/8

万寿宫：在城东青龙桥下，江西商民创。158/8

西湖古寺：在西城外，唐良价禅师法解西湖

20×20=400（京文）

第　页

禪寺師延有西湖橋諸勝迹。明末燬。 158/10

开元观：在城江北，唐开元建，祀申泰芝者。元女仙橋道園明化塚在焉。明冷謙曾寓于此，一名冷道观。二水縈洄，六亭献秀，左瞻浮橋，簫鼓爭鳴，右盼神灘，夕阳映帶。嘉靖间邑人李秋大手题观门有园亭千樹桃花佳，带得六亭春色来之句，今俱燬。158/10

寶庆府古蹟考　职方典第1235/1236卷　第158册　(府县志合载)

(本府)青婆井：在東城内，即呂仙投药处，旁有楊女仙浣花橋。 158/15

○仙人橋：一在澧溪下，一在状元洲下。相传仙人跪石為梁，鸡鸣遂輟。 158/15

○观澜阁：在城東青龍橋左，万曆丁巳大水橋毁，同知吳仕昂搆此以鎮之，推官劉士瑩记。 158/16

龍橋鐵犀：青龍橋墩上，昔时观月甚佳，歌吹不绝。158/16

(城步县)普机寺山门：左右各三柱，其中一柱木質合成，无文理，上覆以鐵瓦，绳墨斗曲尺于中，盛夏无蛛網，歷宋元明屹然特立，相传為鲁班所造。右侧即楊瓊碑记。山门下石鼓二面，光瑩如镜，照徹对江村落，渾如圖畫。 158/16

20×20=400（京文）

632

158/16—38

蒋村春渡：在南门外蒋家园，有大桥。158/16

(武冈州)敷春桥：在江南桥，张进士建。158/17

(新宁县)仙人桥：在县西长湖村20里，上下两桥，甚为奇峭。中有一石未完，相传仙人所造，因鸡鸣故未就，至今人莫能补。158/18

宝庆府艺文　职方典第1237/1238/1239卷　第158册

篇名	作者	册/页
济川桥记	(宋)许应隆	158/24
古山寺(诗)	(宋)彭汝砺	158/32
天明崖(诗)	(宋)张　绶	158/32
渠渡晴岚(诗)	(宋)陈与义	158/32
青龙桥(诗)	(元)鞠志元	〃 〃
会仙桥(诗)	(明)钱邦芑	158/33
浪淘沙(青龙桥铁犀)(词)	(明)康[illegible]宗	158/34
画堂春(梯云桥)(词)	(明)宋纯仁	〃 〃

宝庆府纪事　职方典第1240卷　第158册

(邵阳县志)岳飞获杨再兴于邵州，奇其壮，因释之，……

……从飞破兀术拐子马，兀术愤甚，聚兵12万于临颍，再兴以三百骑出哨，遇于小商桥，骤与之战，杀其将卒千百人而死。后获其尸，得箭镞二升，飞恸惜之。事详通鉴纪事本末。…… 158/38

20×20=400（京文）

633

湖广衡州府部　　158/44—54

衡州府山川考　职方典第1242/1243卷　第158册（府县志合）

（衡山县）祝融峰：在县西北30里，高9730丈，为诸峰之最高，位直离宫，以配火德，乃祝融君游息之所，道书24福地也。……上有祝融君祠，峰畔有青玉坛，即俗谓试心桥也。横石从足以入，前崖挺出，下临万仞之壑，魏夫人在此仙去。……昔铁脚道人采药衡山，夜半登祝融峰观日出，仰天大叫曰：云海荡吾心胸。158/44

天台峰：在方广寺西，乃智者顗禅师讲楞严经处。今有讲经台遗址，并妙高峰……会仙桥——一落叶松共为十景。158/44

△试心石：在会仙桥。158/45

△止观溪：在止观桥。" "

△石门溪：在石门桥。" "

（嘉禾县）石门山：在县北30里，旧属桂阳州。有岩穴生成如门，溪水贯其中，俗呼为仙人桥。明同知张楠名曰禹迹龙门。158/50

衡州府关梁考　职方典第1244卷　第158册（府县志合辑）

1/本府（衡阳县附郭）60桥　158/54-55

20×20=400（京文）

634

158/54

青草桥：在城北一里，跨蒸水，枕石鼓之背，乐鼓导地即与湘会流。……宋淳熙13年四月，知州事薛伯瑄始造，费800缗有奇，米70石，排去积沙，布以横木，然后叠石为六墩，南北为大堤，架木为梁，上覆以小屋。及明永乐14年七月既望，淫雨水溢，桥坏墩仆。……及乐安郭良来守衡，乃修复旧墩，更造叠之。费白金千两，米不下五百余石，墩高一丈二尺，中方后锐，前亦斜削，所以降湍浪杀水怒也。上架以大木，纵横五层，层上覆厚板，板上起货屋；越五年始成，命教授方珏记之。迨嘉靖24年大火为灾，桥板及横木俱灰烬，时分巡道姜仪、知府林元宗、知县郭文質始大募工匠，征丁夫，伐山凿崖，尽易以石，为七隧，凌跨蜿蜒，直若长虹，约长45丈，阔一丈七尺，高五丈。糜费既为倍蓰，旷年乃竣工，更名曰水济，以讫于今。冯彝既石鼓俯其武，枕融亦见所施甚意，若将与蒸阳山水共为终始者。历百年来，桥留夹道为屋，列肆百余间，岁共榜桥底银八两二钱。每夕晚炊，渔火上下，掩映水光山影与风月角胜，扁舟去来，款乃相和，或歌出中流，两岸留殷殷作响。昔人往往赋八景图诗，此盖其

20×20=400（京文）

635

158/54—55

一也。桥在宋名青草，今仍踵旧云。

潇湘浮桥：在城东，知府刘春造舟为梁，左泊潇湘门，右联江东岸，联舟72艘。桥今废。

杜陵桥：在城东50里。旧传杜工部经宿于此，因名。万历中邑人邹希闵建。

松亭桥：在城西十里。旧有桥，唐墩犹存。今夏官民捐粟赀营造，知府张奇勋谕梁庄工，度为七曲，仿佛青草桥焉。

唐公桥：在城西长乐乡120里。崇祯末，举人郭凤躚、李岭鳌相与卜筑隐此。

张家桥：在城西南60里，桥三曲。

永杨桥：在太平乡30里，久圮，万历间杨文定重造，康熙三年杨绍伯复修之。

此外有：白蠟枣陂、大町、石桂、蹋水、富桥、赤水、阴头、龄废、三叶、锡我、艾桥。（余略）

2/衡山县22桥：龙隐、清流、甘棠、清凉、会仙、吉利、龙王、石壁、美陵（余略） 158/55

3/耒阳县50座桥 158/55

纸桥：相传为蔡伦造纸处。

望仙桥：在仪门外，即萧禅和飞升处。

20×20=400（京文）

636

158/55—56

涧阳桥：在杜公祠前，亦云杜公桥，石上有梅花踪。

伍相桥：世传伍员过此，上有子胥祠。

此外有：铜铃、金牛、華桥、钦关、思量、肥田、饶涼、猪婆、朱紫、珮公、析桥、金相、上嫁、小水、二升、普通、石牛、三架、流仙、荆紫、芷桥。（全略）

4/常宁县17桥：广陵、南石、登台、下廊、洪峯、山坊（全略）158/55

5/安仁县46桥：黄饶、凤仙、军山、女英、龍凤、樟桥（全略）158/55-56

6/酃县10桥：义凤、安公、横江、会缘、镇背（全略） 158/56

义凤桥：在西郊外，即石人桥，邑人罗殷忠立，有记。

7/桂阳州37桥：通真、永济、马激、富头、蛟龍、千秋（全略）158/56

永济桥：在州治北30里，即斗下渡，明万历间知州罗大奎建，桥长43丈，高五丈，阔半之。顺治六年大水冲激桥毁。

8/嘉禾县六桥：桐梁、大石、浦溪、新田、集江、石燕 158/56

桐梁桥：在县东北30里，有水入穴潜流。康熙间知县蒋起蛟题曰桐梁潜波。

大石桥：在县署右，康熙八年知县汤宇尹架亭其上，题曰偕亭。

9/临武县16桥：迎榜、嘉水、蟠龍、鸳桥、种善（全略）158/56

迎榜桥：在县南挂榜山下，邝姓族人建。

20×20=400（京文）

637.

158/56—159/26

10/ 藍山县：子来、偕乐、戴星、龍驤、大田、竹广（今写）158/56

衡州府祠庙考　职方典第1249-1250卷　第159册（府县志合）

（本府、衡阳县附郭）駒峰慈门禅院：在城東清水桥，釋眉山德远初参西山源尋歷诸方，后嗣法于万峰韜，順治戊戌创为丛林。159/18

永圆庵：在北濠草桥桑园内。原係桂邸精塋，兵燹地废，康熙七年重建。159/18

（衡山县）石桥寺：当岳路，有金牛蹄在石。159/19

（常宁县）王乡林：在县東五里地名曲潭桥，庵主李良標、良桓、長舒、長秋、長思，山主李廷寵同建。159/20

衡州府古蹟考　职方典第1251卷　第159册（府志）

（常宁县）憩亭：在县北15里，順治九年知县朱璞建于洪宁桥上，后燬。康熙八年知县從等重建。159/25

御康楼：在城西康胜桥下，知县陈勲建。159/25

青雲阁：在城東下廊桥左。〃　〃

（嘉禾县）偕亭：在县治左大石桥，知县馮学尹建。159/25

（酃县志）王舍城：唐目蓮尊者之旧地也。……有鉢盂山、香炉山、虎扒石、会缘桥、目蓮井诸遗迹。159/26

20×20=400（京文）

638

（本府）炎帝神农氏陵：在酃之康乐乡。史记：帝崩长沙之茶乡，康乐乡即茶乡也。罗泌路史云：帝崩，葬长沙茶乡之尾，是曰茶陵，所谓天子墓者，唐世尝奉祀焉。……庙有胡真官毁，云帝之从臣，帝病，告当葬南方，视禳所薨，遇岭即止，因葬于兹，今中連岭渠头也。…… 167/26

（耒阳县）唐杜甫墓：在化龙桥。按甫本传：甫客耒阳，游岳祠，大水遽至，涉旬不得食，县令迎之还，因饷以牛肉白酒，大醉，一夕卒。人辨其诬，乃退之题墓诗云：今春偶客耒阳路，悽惨来寻江上墓；拾手借问牧童儿，牧童指我祠堂处；一堆空土烟芜里，空使诗人叹悲起，怨声千古寄西风，寒骨一夜沉秋水；当时处处多白酒，牛炙于今家家有，饮酒食肉今如此，何故常人无饱死？捉月走入千尺波，忠谏便沉汨罗底，固知天意有所存，三贤所归同一水。观韩诗则子美葬又似真矣。159/26

159/27—36

衡州府部艺文 联方典第1252、1253卷 第159册

潇湘浮桥记 (明)陈宗契 159/27

天圣岩(诗) (明)伍让 159/35

石鼓书院(诗) (明)黄廷用 〃 〃

祝融峰(诗) (明)朱继宗 159/36

衡山道上(诗) (明)祝允明 159/36

衡州府部纪事 职方典第1253卷 第159册

(府志)周家王时岣嵝峰前,毁祝融坟,浮营丘九头图。

△伍员常卜居耒阳县北,世传伍相桥。桥侧有西,伍子胥故宅。 159/36

20×20=400(京文)

640

湖广常德府部 159/42—45

常德府山川考 职方典第1255/1256卷 第159册（府县志合）

（本府，武陵县附郭）龍岩山：在府治北90里，中有石梯，岩壁嵌空，石乳如笋。行可五里至其穴，冷然水流，不可俯视，祷雨辄应。 159/42

白馬湖：在府治西七里，一名白蟒湖，谓昔有巨蟒出此。昔宋柳拱辰濱此以隐，归老桥即其津也。 159/43

馬子溪：在府治西十里，有桥曰影相桥。 159/44

笔架桥港：在府治西八里，贺奇母唐安人墓在此。 159/44

火星池：在府治后……揚府学頖池之水从后入火星池，通明月桥，土地祠下通玉带河…… 159/44

胡家井：在府治東南60里中途村地名牛桥，其水清冽甘冷…… 159/44

（桃源县）桃花洞：在县南30里桃源山下，一名秦人洞。洞前有石桥，横跨两山，名遇仙桥。亭多方竹、石菖蒲、黄精等药。洞口流泉瀑布千丈，落石壁下，出洞里许，伏地不見，至此三里桃花溪合流出江。晋陶渊明桃花源记，唐刘禹锡诗俱在。 159/45

桃花溪：在县南100里，源出高桥一杜山。 159/45

延溪：在县東五里，源自高桥北村，流入沅水，今有渡，古鳥号弓出此溪柘樹上。 159/45

20×20=400（京文）

641

159/45—49

小毂溪：在县南100里，源出高桥一柱山。159/45

黄石溪：在县北120里，源出香山村，下合沅水。溪上有石桥，刻屺桥二字，岁久倒塌，以木代之，俗曰黄石桥，俗传黄石公经此故名。159/46

常德府关梁考　职方典，第1257卷　第159册

1）本府（武陵县附郭）50桥　159/49—50

明月桥：在庆丰坊左，因天庆观前有明月池，砌桥以通往来。今池已淤填，桥在。

仁智桥：在府南城外河街，因城内有东湖贮水难泄，修此桥通城下阴沟。

冀公桥：在府清平门外。弘治间承奉张诚创建。嘉靖间大水冲崩圮无遗，廪生陈鹄于嘉靖癸未年捐资造木桥。后因大水复圮，经历陈大秀，鹄之子也，继父志，移于桥西，于万历己酉年造石桥甚固。皇清间屡遭大水崩堤，直冲本桥遂至溃决，廪生陈庆泰力行重建。

穿紫桥：在府北八里。

新陂桥：在府东十里，长岳孔造。……明万历间同知钱梦桂修建两墩，中建木桥一座，两岸修

642

659/49

筑长堤数十年往来甚便。历今年久，桥颇坍塌，每有覆溺之虞。清康熙六年知府胡向华捐俸修葺两岸堤塍，并运大石三块，先造小桥一座，以分水势，今已告成。惟大桥工费浩大，尚未克竣。

△潘水桥：去城15里，邑人熊鼓造，后倾圯崩塌。本桥为係麻河往省大道，郡人杨时芳、龚膺捐赀创修，工费甚钜，合郡助修，石砌坚稳。桥西造水月庵塑大士像以镇之。

上桥：去府治一名善桥，为衢水之经道也。旧有桥圯。崇藩分封之始，乃捐赀复修。山翠水光，映带最佳。

△万相桥：去府西十里，桥以万氏诸祖墓而名。即马子溪溪口合流水处。

石门桥：去府东南30里，左有七桂园，婆娑馥郁。山僧晓印造庵施茶济众。

△李七桥：去府南70里，县令党应秋修造，并有镇桥庵曰松梵。党遭兵，举家死，此庵僧奉祀焉。

△车桥：去府北十里一源寺前，许水东有诗。

○拱辰桥：据一统志在府城西，即归老桥，宋柳拱辰归老处。

此外有：鹭鸶、玉带、会节、新口、七里、涂桥、南湖、

643

159/50—160/9

一字、状元、蓝商、大龍、金鳞、黄花、刘高公等桥。(全略)

2/桃源县26桥　159/50

利兵桥：在县东二里。旧传马援曾驻兵于此。

此外有：通津、古师、福地、清风、黄钓、龍潭、会仙、将军、遇仙等桥。(全略)

3/龍阳县32桥：冷水、洞婆、三股、父子、文岁、双枫、黄庚、鱼鲜、西湖、陡门、软纳、押束、毓德、笑藤等桥(全略)　159/50

4/沅江县五桥：上環、下環、白鸵、横龍、细鱼坑。　159/50

常德府祠庙考　职方典第1259卷　第160册　(府志)

(本府.武陵县附郭)彰法寺：在府治七里桥东，周显德五年建，明洪武元年修。后废。　160/4

善德观：在府治潜水桥南，宋嘉定间建。" "

常德府古迹考　职方典第1260卷　第160册　(府志)

(本府)归老桥：在府治，亦名拱辰桥。府城外西三里旧有青林村、白马湖、采菱涧，宋柳拱辰挂冠于此，宋曾肇有记。　160/9

遇仙桥：在秦人洞前，初联石悬空，状欹危欲堕，令人不敢迫视，历千年不知所始。明天启间主

20×20=400(京文)

644

160/9—19

傅孙述萬修砌一桥，而真迹失矣。 160/9

常德府艺文　职方典第1261/1262卷　第160册

篇名	作者	册/页
归老桥记	(宋)曾巩	160/11
桃源行(二首之二)(诗)	(唐)王维	160/16
桃花溪(诗)	(唐)张旭	160/17
晚岁登武陵城顾望水陆怅然有作(诗)	(唐)刘禹锡	160/17
遇仙桥(诗)	(宋)吕岩	160/18
寓武陵诗(七首之四)	(明)何景明	160/19
大龙洞(诗)	(明)阚士奇	160/20

20×20=400（京文）　　645

湖广辰州府部　　160/124—29

辰州府山川考　　职方典第1264卷　　第160册　(通志.府县志全)

(本府.沅陵县附郭)横石滩：在府城東40里，有石梁横截水底，又名横石洞。160/24

(泸溪县)羊桥山：在县西十里，孤峙特立，其巅隆然仅容羊行，因以名山。西旁有蜡烛山，近置祖师殿于上 160/25

女娘仙洞：在羊桥山下，洞穷异，樵者偶或见之。160/25

黔阳县：中溪：在县城北一里，产油鱼味美。下流有桥，桥下有алтар泉味极甘，人多取饮，名曰子泉。160/27.

辰州府关梁考　　职方典第1264卷　　第160册　(府县志全载)

1/本府(沅陵县附郭)二桥：永安.通和。160/29

2/泸溪县十桥：接龙.杨柳.弘远.长潭.小婆溪(全略)160/29

3/辰溪县三桥：仙人.浣砂.会仙　　160/29

仙人桥：在大酉山，相传唐张果老所造。

浣砂桥：在大酉洞旁，相传群仙浣丹砂于此。

会仙桥：在县西五里，相传大酉群仙宴会于此。

4/溆浦县一桥：云洞桥　　160/29

云洞桥：在县治东，下有石岩，常出云雾。

5/沅州14桥：龍津.升平.浮莲.玺川.罗旧(全略)　160/29-30

龍津桥：在城西潕水滨，旧以舟济……万曆

20×20=400(京文)

646

160/29—30

辛卯复修砌石桥圈拱15洞，至庚戌洪水冲圮。崇祯癸酉重修，磴上搭木，加以土石，石上建有串屋。顺治15年被火焚燬，知州戴廷对捐赀重整。康熙22年复圮，24年又为火延燬，又复修之。

6/ 黔阳县六桥：登龙、罗固溪、中溪、长坡溪、大乐溪、鱼藏溪。 160/30

中溪桥：在城北二里，产鲉鱼味美，下有甘泉，甚甘，名曰子泉。

鱼藏溪桥：在县江东南20里，通洪江，跨两山之间，水易冲决。康熙四年县令张扶翼令僧重建。

7/ 麻阳县27桥 160/30

广修桥：在县东十里，民舒景忠建，后田祖舜修复，盖亭于其上。

绿溪桥：在元坪上绿溪口，女僧募建。

白岩桥：在城北，康熙九年建。县令铭曰：继此宜桥，白岩其名。继桥宜铭，青汗是征。面山亘水，咸称荡平。所履所视，载瞻载赓。我来桥上，酒槐茶铛。安澜无恙，磐石纪成。铭桥何时，冬月司令。镌铭何人，僧曰智清。

647

160/37—55

辰州府祠庙考　　职方典第1266卷　　第160册　（府县志合录）

（溆浦县）善化寺：在县东，宋初建，元末毁，明洪武间重建。有三洞：云洞、悬洞、鹤洞，吕洞宾寓此。上设一桥，抵舒德源之界。　160/37

（黔阳县）性觉寺：在城东90里广福山，宋祥符间建，有鲁班仙迹。　160/38

辰州府艺文　　职方典，第1270卷　　第160册

寓云洞桥夜题石壁（诗）　　（唐）吕　岩　　160/55

20×20=400（京文）

648

湖广永州府部　　161/1—9

永州府山川考　职方典第1274卷　第161册（府县志合刻）

（本府.零陵县附郭）芝山：柳宗元山水记云：从柳侯祠西北行可二里许即芝山也。……黄佳色记云：芝山佳处不在游而在望。由绝崖西下直至平田，田间有溪，溪上有桥，桥上东望，壁立千尺，横亘百丈，如落霞散绮，彩色非常。　161/1

钴鉧潭：柳宗元山水记曰：今所记在柳侯祠前者非是……大抵愚溪之妙愈入愈奇，桥后一带，居民阛阓，实有佳趣耶。田山玉记云：柳侯祠前有镌钴鉧潭三字于溪石上者，柳宗元辨其非。予尝与友人同游，求其是者而不可得。……　161/3

石簰滩：曹能始名胜志云在城北40里，其石皆片段联缀如簰筏。相传秦始皇造桥海上，有异人乘簰往助，始皇死，遂弃去。……　161/4

（祁阳县）施家井：在县治小东江飞虹桥畔，有施姓者凿石成井，故名。　161/5

（宁远县）穿岩：在太平久安坊下洞，山顶高虹通贯若天桥然，从下望之如圆月当空，高峻难于登眺。

高岩：在太平乡蜂田东，甚险峻，必桥渡以入。　161/9

碧崖洞：水通碧崖桥，南注舜溪，其水有嘉鱼

20×20=400（京文）

649

161/9—15

亦名嘉鱼洞，元次山名为丸为洞。…… 161/9

鸡栖岭：在北15里寿富洞流衡桥之上。161/12

永州府关梁考　职方典第1274卷　第161册（府县志合辑）

1）本府（零陵县附郭）20桥　161/14—15

平政桥：在正西门外，旧名济川，即古黄叶渡也。元时造舟为梁，后废，仍设舟以渡。明万历辛卯五月27日复造舟为桥，名曰浮桥。桥有记勒石于正西门左。

瑞莲桥：在城内谯楼前，其上即古花月楼也。宋陶弼有诗。

接履桥：在县北。昔传有仙堕履于桥，故名。

愚溪桥：在县西里许，跨愚溪之口，合于潇水，柳宗元八愚之一。

五马桥：在县西30里，入粤孔道。嘉靖九年知府華阴赵儒改建，郡人朱衮有铭。

燕江桥：在城东四里，今名茅江，柳宗元记名曰燕江。

涑江桥：在县西南45里，水汇愚溪，曰山王口，桥名涑江，予甚爱其名也。郡志所未载。梅溪之径由桥而入，桥下镌古梅溪洞四字。江岸崖石与钴

20×20=400（京文）

650

锦无异，游人坐其上，平畴旷野，可以远眺，如身亭图画之中。

東乡桥：蒋本厚曰：桥去城西60里，界西大道，叠木为之，长数十丈，覆以瓦屋，围以木栏，望之如悬虹，如卧蟒，東西二江合流于下以汇湘水，凭栏远眺，可以永日。

水字桥：去城西南45里。水之源出戴花山，曲折奔流汇于湘。黄佳色记曰：桥之南约十余步，石齿棱棱，纖若指，锐若戟，森森若林。水从石窦中流出，淙淙作琴筑声，桥横于中，水绕左右，形类水字，故名之。桥傍峭壁，黄山谷有题识，今剥蚀不能读。桥北行20步有浮山，方六十亩，环山皆水，环水皆石。中有古庙，神最灵，每祈祷辄应。庙之前后左右老梅扶疏，丹枫历乱，红粧临水，娇如欲笑，偕客游之，恍疑洞口桃花，阮郎入武陵时也。

三元桥：去城西南70里，旧名火烧桥，架木为之。耆民苗国卿于崇祯十年捐银五百两改砌石桥，男生员苗日蔚，孙生员苗昀生又于康熙辛酉年捐金重修。

此外有：临湘、高林、庆桥、月桥、竹篮、鹧鸪（今署）

20×20=400（京文）

161/15

2/祁阳县44桥　161/15

東江桥：在潇湘门外，祁水合流于此。明百户张应奎、曾仕傑架造，知府范之箴题坊飞虹利涉。明万历元年知府王泰题以東江永济。朱溪云：应奎慷慨倜傥，力产千亩分给诸弟，遇事以义激之概者；仕傑才不逮张，而可驱之以义；其视厚贲博名甘蹟秽之流则耻矣。

枫林桥：在县東北十里，义民谭玉文募造鉄成，为洪水衝破。后张应奎、曾仕傑各出金五百余两续成之，竖坊二座，知府赵儒为题枫林永济四字。

V 下馬渡桥：在县東十里，丁亥年圮于江涨。顺治17年邑民移架上游，前道张登云與知县孙斌募成之。浮屠香林始终其役。

大忠桥：在县南60里。己丑秋八月中明检讨姚大受殉節于此。子姚希郭救父並死之，父子忠孝，遇风雨晦暝尝见英灵，土人欲建祠未果。桥旧名大忠，或天以其名旌之也。

双江桥：大小两渡，一跨餘溪，一在烟江。

△ 四仙桥：在归阳大桥之左。弘治21年桥成时值永郡守、丞、判、驾司李四公同登此桥，因以四仙

20×20=400（京文）

652

161/15—16

志名，邑人申都建真武殿于桥阴。

潇湘桥：在潇湘门右，陈志聪之铁中选重修。

暗香桥：在县治东北三里梅庄之右。

此外有：大兴、渌香、烟竹、罐头、道子、乌符、烟江、龍泉、福星、百丈、牛头、荷叶、渡艳、济渡、春芳桥（全县）

3/ 東安县21桥：登云、芦洪、浪石、宵江、白牙、泰和、福正、澄桥、石期芳桥（全县） 161/15

登云桥：在儒学右，明嘉靖18年知县薛瑛建；上覆以屋25楹，知县罗文奎建。清知县王基鸿于顺治14年重修，康熙18年毁兵燹，21年知县程云鹏重建。

4/ 道州23桥：云龍、大富、龍江、文林、参鸳、寿安、凤仙、高明、鼎陶、驷马、兴桥、山口、十里、午田、鼎亭、永思（全县） 161/15-16

△大富桥：在濂溪故居，宋咸淳间建，赵汝愚记。

龍江桥：在州东南20里。等运官路，旧有石桥为洪水冲毁，康熙24年秦商捐金重建，极其坚壮，行旅便之。

高明桥：在营阳乡广西大路上，刻石狮四，屋十间，今屋废。

鼎陶桥：在州西北进贤乡，宋嘉定间建。

20×20=400（京文）

653

161/16—33

十里桥：在州西十里，明洪武间僧居毅砌。

永思桥：在州城东操山西，明宁远卫江镇携葬母于此故名。永乐间训导邓中记。

5/宁远县70桥：黄花、马懋、桐冈、龟鳖、马滩、羊蹄、乱石、鼓楼、兴贤、水深、半路、社脚、砚头、香花、老桑、西路、铁镇、女兼、樟木、白粟、云腾等桥（全略） 161/16

兴贤桥：在小南门外。隆庆元年知县崔大壮建以镇水口。万历三年蔡光加修桥楼计30间，延名曰周宁。20年知县王时春益加修造，建楼阁于上，更周宁曰兴贤，今石墩尚存。

6/永明县20桥：高戍、扶唐、利田、罗带、漯青、百子（全略） 161/16

7/江华县17桥：白芒、登历、龙眼、来恩、蛇岩（全略） 161/16

8/新田县16桥：长富、清水、天梯、流衡、九贤（全略） 161/16-17

永州府祠庙考　职方典第1278卷　第161册（府县志合载）

（宁远县）舜坛：在田村，去舜祠20里，近周田寺，仙砂之水遶之，通碧虚桥，相传旧祀舜之处。 161/31

（本府零陵县附郭）萧波庵：在东乡桥侧，永水、莲水二合之汇。 161/32

千佛林：在万林桥，水出愚溪，亦名愚潭。 161/33

20×20=400（京文）

654

161/33—35

第　　頁

（祁阳县）凍竹观：在横江桥侧万山中，茂林修竹，炎夏犹寒。161/33

桥头观：在城东90里七湾塘，距塘背山，塘头有桥。161/33

（道州）紫雲寺：在州治西桥，明万历庚子，州守韩子祁迭回上乘庵。161/34

紫阳观：在小西门外，相传鲁班手製，神异多怪。其观有三殿，皆高至三、四丈，全材俱杉，竟无卯笋；大风狂拂时间亦作响声，令人危惧，实无他虑。其殿柱有小小木屑搏成者；又间有杉皮尚未斥削，其刺尚存。且凡屋脊有蛛丝，独此观绝无。……明末毁于兵。清顺治五年协镇刘崇基复建一殿，仅蔽风雨，古迹无存。161/34

（宁远县）南林寺：在望仙桥，坐麓临流，树木紫郁，为山林之美，永乐间建。

西泉寺：在县西40里花桥下，明洪武中建。

（永明县）嘉禄观：在县东南20里，世传鲁班亲造，其柱斗俱无，榫凿斜欹，明天启元年，村人忽夜闻斧凿声喧阗祠内，远望观之，焕然一新。161/35

永州府古迹考　职方典第1280卷　第161册　（府志）

20×20=400（京文）

655

第　　頁

161/39—56

(永府零陵县附郭)九巖亭：在府城内。旧志云：巖出池中者凡九，跨池为桥，而敞亭池上。先贤题识甚多。亭之后又有鉴亭，今废。 161/39

(东安县)跂冷延桥碑亭：在登云桥下。 161/40

永州府艺文　职方典第1283卷　第161册

篇名	作者	出处
石渠记	(唐)柳宗元	161/44
石涧记	〃 〃 〃 〃	〃 〃
利涉桥记	(明)荆　岚	161/50
湅青桥记	(明)周　淑	〃 〃
游同巖记	(明)周子恭	〃 〃
与崔策登西山(诗)	(唐)柳宗元	161/54
苦竹桥(太平寺)(诗)	(唐)柳宗元	161/54
秋晓行南谷经荒村(诗)	〃 〃 〃 〃	161/55
拜濂溪先生遗像(诗)	(宋)朱　熹	161/56
金竹山(诗)	(明)文载道	161/56

20×20=400（京文）

656

湖广靖州部　　162/2—4

第　　　页

靖州山川考　职方典第1285卷　第162册　（州志）

（本州）铜锣滩：在城西渠溪中流石梁下。旧传杨文广妹讨侬智高经此，堕锣其下遂名。滩水夜鸣若锣声则郡灾。　162/2

（绥宁县）杨家桥井：去县一里，味甘　162/3

（天柱县志）邦峒崖：在县北15里。峭壁临水，凿石路以通行人，往来如走廊庑下，溪桥远岩，梵刹跻巅。162/3

靖州关梁考　职方典第1285卷　第162册　（通志·州·县志合辑）

1/本州21桥：通济、明月、福工、地陇、桥头、诸葛、浮桥、硅后、中央、安乐、竹桥（余略）　162/4

通济桥：在西南门外，跨渠溪，旧名马王桥，以马希范经此而姓也。

诸葛桥：在城北20里，通洪江，孔明征蛮道此因名。

浮桥：跨渠河。成化间郡守伍瓒创，下置小舟，上覆木板，镇以铁索，系之两岸，每年派绥宁临口木铁修之。万历五年郡守祝心儒创平底船，革绥宁木铁之扰，每年修葺，改曰利涉，曰弘济二匾，今废。以浮桥类蜈蚣，置铁鸡以镇之，今见存。

2/天柱县14桥：远口、宝带、西流、紫云、摇头、邦洞（余略）　162/4-5

20×20=400（京文）

657

162/5—16

3/会同县九桥：吉朗、木椽、仕招、果仙、三眼（全县）162/5

4/通道县三桥：江口、通城、道济。162/5

5/绥宁县九桥：通津、十丰、莲荷、大溁、李家（全县）" "

靖州祠庙考　职方典第1287卷　第162册　（州志）

（天柱县）回龙阁：在宝带桥之左。162/11

（会同县）东宁庵：在步云桥头。162/12

观音阁：在步云桥。" "

靖州古迹考　职方典第1287卷　第162册　（州志）

（会同县）仙崖潭：在县南二里许。世传有神仙夜驱石南来，会曙而止。至今有频鞭千古瑰玗石，欲向城东驾彩虹之句，出步云桥记。162/14

（天柱县志）白岩宫：在县东50里。四围陡绝，独立一峯，旧置梵宫，咸神力助焉。危桥丈许，非诚敬者莫渡。162/14

靖州艺文　职方典，第1288卷　第162册

游飞山记　（明）姚履素　162/16

20×20=400（京文）

658

湖广郴州部　　162/20—26

第　　頁

郴州山川考　职方典，第1289、1290卷　第162册　（州县志合辑）

（本州）云秋山：一名天游山，又名仙台山，在州北30里。上有莲池，水清冽四时不涸。山后石窍如桥，桥上下皆通往来。有仙坛，为苏耽修炼处……　162/20

迷穴：在武昌山西，鄢溪之水出焉，有迷桥。162/21

（兴宁县）玉泉井：在九仙桥西。　162/24

溥泉井：在登瀛桥西。　〃 〃

（上犹县）平政桥洲：在南门外平政桥东，相传每岁大比，其洲淳起如笔状，以卜联发。　162/25

金牛潭：在县南郭都市桥，潭中有石类金牛。162/26

（桂东县）石廪岭：在县南80里三陵乡。石壁围持，有18峰头宛似人身跨立，俗名为18罗汉把水口。两崖关锁，中夹银河，水流湍上数十余丈而下，舟楫不通，亦此山故也。其侧有仙来迎鸾桥，闻鸡鸣而去，留下碑石板，八景之一。　162/25

郴州关梁考　职方典第1290卷　第162册　（州志）

1/ 本州十桥：苏仙、骡仙、鹿鸣、万岁、王僊、崇德（全略）162/26

2/ 永兴县24桥：崇贤、万人、相公、雾鑫、长虹、铺头、山口、仙水、富民寺桥（全略）　162/26

20×20=400（京文）

659

162/26—44

第　　　　　　页

3/宜章县22桥：三星、四板、鸦鹊、武阳、高龙、野石(全录)162/26

4/兴宁县22桥：九仙、石龙、戏龙、锁龙、北郭、登龙、卧龙、道人、丛木、儒林等桥。(全录)162/26

5/桂阳县六桥：平政、长湖、下滥、沫江、九塘、永康162/26

6/桂东县十桥：飞跃、高桥、系马、千佛、大花(全录)162/27

郴州祠庙考(本州)郴江祠：在苏仙桥南。162/33

郴州古迹考　职方典第1292卷　第162册(州县志合载)

(兴宁县)龙湫亭：在县西北龙桥边。162/36

(桂东县)仙女桥：地名青石洞白马山，有石桥70余丈，旧传清夜时闻奏乐声。162/36

郴州艺文　职方典第1292卷　第162册

苏仙桥记　(明)袁子春　162/40

踏莎行(题渠星观)(词)　(元)万侣　162/44

(公用)

20×20=400

20×20=400(京文)

660

广東 总部
广州府部

162/56—163/10

广東总部艺文　職方典第1299卷　第162册

南乡子（岭南即事）词　（五代）欧阳炯　162/56

南乡子（岭南即事）词　（五代）李珣　〃〃

广州府山川考　職方典第1299卷(1300)　第163册　（府志）

（本府南海番禺二县附郭）坡山：在府城内西南，高三四丈余，相传晋时渡头也……又有西坡山，在城西第一铺。　163/4

大梯山：在府城西北18里，一名大梯坑。……　163/5

白云洞：按县志，洞绝石，削壁凌空，飞泉瑽琤，为山北绝胜……東为濂心桥，……　163/6

六脉渠：按县志，古有六渠通于壕，壕通于海。所谓六脉者：……按塞引至清风桥，水出桥下至；子城城内出府学前泮池止。六脉通而城中无水患。年来包塞壅阏……亟宜疏濬之。　163/8

（東莞县）癸水：源于壬岸后远县之東会：東枝黑水聚于南，自德生桥横过县治之前为县港，西枝黑水自黄家山来合，迤过入于海，自县西经过德安迎恩二桥。　163/10

（增城县）罗浮山：在县城東130里，与博罗县接境。昔

20×20=400（京文）

66.1

163/10—18

第　　　　頁

有山浮海而来，付与罗山合而为一，故名。……唐武后时有邑女何氏有神仙之術，持一石置小石桥之上，远观如虹，上有铁桥，其形如鞍，在石桥之间，高五十余步。下有花首台，…… 163/14

◎金紫峰：在县城西南80里，……又西10里曰双鱼峰。峰前有宝庆寺。相传宋时开基得铜钟，下藏双鲤，今造桥其上，谓之仙鲤桥。 163/14

接龍桥水：在县城北二里，下接大岭，上连龟峰，其水西流至于大江，谓之鏁溪滘。 163/15

百花林水：按县志在邑治西，流至菊村坑头，过鲤桥，越多岭，合于增江。 163/15

(新会县)黄云山：在县城北一里。……按县志，陈献章诗：繫艇黄云下，黄云几度歌；登高云压帽，度壑雨沾蓑；瀑涧青鸣瑟，山花画擁罗；野人携茗榼，饮向铁桥过。旧志：有云自出色如盖。 163/17

湯瓶嘴山：在县南80里。……中有港，潮汐出入。陈献章诗：北风吹浪拱涂溪，步傍桥头候晚晴；潮落寒风吹不断，一帆细雨过湯瓶。 163/18

五显溪：按县志，自外城西水关入至北上桥，复趋南出于和尚桥。…… 163/18

20×20=400（京文）

662

163/19—28

第　　页

（三水县）龙岐山：在县城北60里，下有青云桥，旁有沈铸井，沈玑居之。 163/19

顶头峰：在县河东七里，其上古有烟墩，今县治河口也。陆宣诗：野水桥边景趣宽，东风吹暖入沦漫；一川芳草迎行骑，两岸垂杨拂钓竿；带雨绿添松涧晓，拍天光接海潮寒；锦鳞跃出桃花浪，人在金鳌背上看。 163/19

龙坡山：据县志在城北53里胥12都，此山即华山也。……前有青云桥，…… 163/19

（清远县）凤凰山：据县志在城西。相传昔有凤凰栖此故名。……其阳为安远驿，又二里为柳烟湾，夏潦漏浅，綦继周始桥之。 163/20

（连州）宥德泉：在州东南企岭下，源于中山，西流至企岭始分为二：一至旧桂阳西历长街出天泽桥；一经嘉鱼石过唐王祠出通济桥。 163/23

广州府关梁考　职方典第1304、1305卷　第163册　（府志）

1/本府（南海番禺二县附郭）109桥 163/28—29

越桥：在大市西街，宋景德间经略高绅造。

渠桥：在南壕街，高绅造。按明一统志在城西，

20×20=400（京文）

663

163/28—30

第　　頁

一名拱桥。下旧通舟，洪武中都指挥许良設铁石闸，始不通舟。

大观桥：事见梁储记。

彩虹桥：亦名长桥，在城西数里，接流花桥水出海。

陳桥：在寿山堡。据县志，乡人陈嗣祥造。时以岁饥，陈捐赀数百造槎溪石桥长十余丈。

花桥：据明一统志，在城内，東、西、北三渠合流经其下，宋崇德间造。

此外有：拱桥、筋竹、石雲、天心、由義、白宦、志喜、留虹、紫桥、流花、安平、大仁、归德、天字、垂虹、流化、水母、乐民、小龍、朗头、谢恩、延泰、雲桂、拱真、春风（余略）

2/顺德县140桥：伏波、迎恩、登楼、文秀、大石枕、小石枕、壮龍、接虹、钓月、聚惠、松安、紫阳、第一、君子、石落、利财、广孝、永龍、五石、西龍、自生、登汉、老女、石龟、彩峙、丁字、渡月、马骝、通霄、引鹭、梯雲、錦澜、七板、彩黄（余略） 163/30

3/伏波桥：据县志，在县治西南碧鉴之前。成化21年知县吴世腾创建，未几而迁。弘治四年知县吴廷举累石为址者九，板其上，长22丈，广16尺。岁久不修，民聚观競渡溺死甚众。嘉靖四年，曾仲魁甃石为梁，翼以扶栏，民甚便之。

20×20=400（京文）

664

163/30—31

第　　页

迎恩桥：据县志，知县钱溥鏊集西碧馆，作此桥。

五石桥：据县志，宋李仕修南雄人，宦浙省参政，寓居逢涧先予，造此后生五子。

老女桥：据县志，宋贞女吴妙静造。贞女既以李氏子来迎，渡船江溺死，伤之，矢不适人，终其身，以其资即溺所桥焉。用石为址，凡五空，空驾湖石，五石皆长二丈二尺，方二尺。经始于宁宗嘉定四年，至八年乙亥乃成。理宗嘉熙二年戊戌，刻石于圆明寺，后人因名为老女桥。于桥东西各立男女庙，象双星，然今不存，两崖渐出，桥且湮四孔矣。

31 东莞县32桥：德生、德安、兴贤、思洋、普安、永和、彩惠、演武、连鳌、永津（全略） 163/31

德生桥：在县南门。据县志，宋放生池之地，旧名泽物，后改宝安桥，邑宰张勋修造，著作郎王容记之。初桥造以木易坏，绍兴二年校审赵汝议命邑人吴克宽、邓林率力重修，皆易以石，造亭桥上，偏曰德生，邑进士梁谈作记，今存。

德安桥：在税货局西。据县志，横跨县港，旧名延熙，后改为通济。兵火后，桥亭废。元大德四年达鲁花赤忙古歹重修，颇壮丽，改今名。民于桥上为

20×20=400（京文）

665

市，俗呼市桥。

思津桥：按县志，因旧学在桥之东故得名。迁学后俗呼为罗村桥。

普济桥：在县南蠔步村。按县志，正统间跨巨石跨海为桥九间。海水迂入港内九十余湾，邑宰李巖筑堤4120丈，即咸潮堤。邑人翁炳诗曰：长堤缭绕四千丈，断港萦迴九十湾，谁架石虹来海上，行人平步碧波间。

永津桥：按县志，在县西南30里。初架木为梁，岁久朽坏，宋乾德四年邑宰陈寔甃以石，共长六丈阔六尺。后堤复圮，明宣德二年乡人重修如故。

4/从化县　无

5/龍门县六桥：西门、黄溪、新桥、西桥、萬寿寺、生水。163/32

万寿寺桥：按县志，在县城西。崇祯五年水圮。顺治18年僧道行募化建复。

6/新宁县八桥：岑边、义城、绿园、大头、沙涌（余略）163/32

7/增城县26桥：挂龍、通明、择官、相思、双鲤、鹤子、小楼、福善、观德、杨水、鬱、青钱、沙滘（余略）163/32

相思桥：在寨岭下，崔清献公建，后人思之故名。乙丑仲冬，知县韩程金捐俸重修。

163/32-33

第　　頁

福善桥：据县志在下罗闸邑人卢瑯捐金僧僧恒修、洪立倡建。

杨水藤桥：据县志在庆福都四里，郑节妇陈氏捐资建。

沙滘桥：据县志，在德峰都30里，为往来大路。康熙三年知县徐凤来建。计阔32丈，凡11孔。

8/香山县36桥：桥仔头、小墟、天王、茶园、婆石、普济、龍头、谭婆、减池、双美、天妃、雍师石头、(全略) 163/32-33

天王桥：据县志，在县南桥仔头村。宋端宗驻跸沙涌过此桥，因名天王桥。有通济亭峙其南，后毁。洪武间，知县沙彦私建石门二、石梁八。成化间僧智能建木梁八。正德间，監生蔡曰良捐资建木梁六，嘉靖26年举人郑之藩重修。

婆石桥：在龍眼都婆石村。据县志，宋时杜氏媪建。崇祯年间高光蓁、刘冀乾、汤斯说捐工重修。

普济桥：据县志，在能泽都官花村。宋嘉定四年僧法隆创木梁，嘉定12年邑人刘文保易石梁12。

谭婆桥：据县志在塘磡村，乡人谭婆创建。

9/新会县83桥：百丈、灰步、振妙、宗、宜民、小梅、美成、老女、慧龍、天等、波罗、龍蟠、油步、官来、硬步、亭榛、野渡、

20×20=400（京文）　　667

松節、北上石、禮義板、流杯、金紫馬、貞節石、梵雲板、花楼亭大石桥、浙江菴桥。（全冩） 163/33-34

妙宗桥：在禮義坊。据县志，跨紫水于沙头。宋绍兴11年道人妙宗造，横竖俱大石，潦不能動。

美成桥：在怀仁都蓮塘村，宋绍兴元年僧惠明造。

孝女桥：在遵名都张村。据县志，昔有女孝而不嫁，惠以奩资造。

野渡桥：在归德都赵家村。据县志，宋绍兴元年赵璟崖造，永乐十年施野渡重修，名刻石阴。

貞節石桥：据县志在陂头村，白沙陈子母林氏造，或曰名節桥，以作之長至日也。黄学詩：榕葉阴阴覆小溪，行人桥上晚潮低，阿婆夫与陂头土，步步清明踏马蹄。

梵雲板桥：据县志在梵雲台前，今易以石。陈献章诗：一木欲堕溪岸高，江门丈人放步牢，脚似太行开几步，秋风随处洒鸿毛。

花楼亭大石桥：据县志一名龍溪桥，宋开禧三年知县莸直造，上立彩亭，元李亭废。

10/ 三水县八桥：青云、垣川、石頂、银洲、阜安 163/34

11/ 清远县八桥：通津、周塘、水西、山塘、杯步（全冩）163/34

163/34—35

第　　　页

√ △水西桥：在下廓三公庙旁，全林僧募修。

12/ 新安县15桥：北埠、广惠、顺母、严母、引龙、阳岸、天渡、惠民等桥。（全略） 163/34—35

○顺母桥：在墩头里。据县志，旧传有子事母居阳河，迎母意，遂鸠长石驾桥，因名。

○严母桥：在三都涌头村。据县志，相传陈母有子不悛，其母缚之投水中，创桥，因名焉。

○引龙桥：据县志在墩头镇边。两桥相连如曲尺，又名曲尺桥。

○天渡桥：据县志在月阁屯蔡宗围旁。康熙26年巡检廖膺宠建，潮涨漂大木如桥形因建，名天渡。

13/ 花县一桥：石桥（在华宁堡） 163/35

14/ 连州23桥：通源、通济、步莲、湖光、鲤鱼、仰韩、天泽、育德、集星、会寿、会福、高文、濂水、新上、福星、白牛（全略） 163/35

通源桥：在州城南门内，宋刺史邓阿鲁建。据州志以桥下之渠疏泻池之隆而通于湟水故名。

步莲桥：在州东门外城壕上，以桥下种莲得名。

○湖光桥：在城北。据一统志，唐元结自舂陵来游，凿湖潴水，作桥其上，登桥一览湖光如练，因名。

濂水桥：在龙口。宋谏议郎曝建。张魏公尝游

20×20=400（京文）

669

163/35—58

第　　　　　頁

览水势，水自庚辛来，因名金水。

15/阳山县21桥：寅宾、李迳、通桂、望韩、七拱、丰阳、武安、积福、贤令、凤阳等桥。(余略) 163/35

七拱桥：在通儒乡。按县志去县40里。宋熙宁三年邑民黄元甫造，以桥有七拱而名。今圮。

16/连山县6桥：那滚、龙水、通济、兴贤、牛鼻潭、鸡桐冲。 163/35

通济桥：在诸赞乡。宋绍兴26年乡民吴英文章等创造。其水自禺湖山来至石角村，与连州西岸水合流注湟水，经达集济桥前，因名之。

广州府祠庙考　职方典第1309卷　第163册　(府志)

(本府)洪圣大王庙：在太平门外象古桥，有碑记。163/54

方文襄公祠：在彩虹桥外。163/55

世恩祠：光禄少卿陈堂万历间造。在西关龙津桥右……参议袁昌祚为之记。163/55

孔氏宗祠：在广城大新街来虹桥。祀唐岭南节度使孔戣裔孙孔承休，……明李嫡孙庠生孔尚东、尚淳、尚铉等迁叠滘重修。163/55

(顺德县)文昌庙：在北门外细桥头。163/56

(新会县)关帝庙：在新东城内城壕之浒，有石桥— 163/58

20×20=400（京文）

670

北上庵：在北上桥边，单永泽捐地。 163/58

（本府）普光寺：在南海旧县治西北，南粤王建德故宅。……内有四天王像数，……罗汉桥、奇井等，今皆废。 164/1

长春庵：在城西南五里旧顺安桥故址 164/2

（阳山县）北山寺：在县治北贤令山之东，缘石磴层折而上，古松遗迳，清泉响涧，石桥流水，山门等舍，迥然别有天地…… 164/5

广州府古迹考 图书集成·职方典第1313卷 第164册 （府、县志合）

（本府）刘王花坞：在府城西六里名华林园，又有芳华园、芳春园俱在城北，飞桥跨沼，林木扶疏如画。又有望春园在城南三里独花坞故址，…… 164/13

（新安县）仙桥遗石：在三都桥头村侧，有大长石数块屹立河边，潮极长不没。若私打一块，腹即痛，置即愈。旧传一人驱群石，戏问何往，应在此造桥，后见一孕妇，驱石动，桥未成。 164/15

20×20=400（京文）

671

广東韶州府部　　164/27—31

第　　頁

韶州府山川考　職方典第1315卷　第164册　（府志）

（乳源县）海岱温泉：在县西30里。乳源温泉有十，惟海岱一源与椰木桥之泉热不可探。164/27　（龙門）

（英德县）皋石山：在县南，即浈阳峡，……明嘉靖四年，府判符锡于南山石壁得宋嘉祐六年开峡栈道记，遂檄民开复，劝众纠资于各涧叠石桥12座，上下底平。……164/27

（乳源县志）雪溪桥水：在县右一里，自鲁公坑流至横石水。164/28

韶州府关梁考　職方典第1316卷　第164册　（府志）

1/本府（曲江县附郭）引桥：遇仙、小明、铁炉步、大石、绵普石、林桥、荡板、白芒、长乐、普度、马栏、鹿颈（全略）164/31

○遇仙桥：在西门外，上通泷水，接楚之宜章，宋天圣间殿中丞陈宗夏造。……嘉靖18年知府符锡更造方舟62，翼以扶栏，表以绰楔，东曰平政，西曰济川。又建燕誉楼于津口。嘉靖26年知府陈大伦梦游芙蓉山，次日登山，果见一人修竦，询之，云汉康容，随隐身不见。后重造桥，欲请名，大伦即题云遇仙，有诗。……桥每为水冲，顺治中巡道林嗣环重兴，有记。未几复圮。164/31

20×20=400

20×20=400（京文）

672

164/31—32

第　　　　頁

大石桥：在城北三里，路遥险仄，康熙12年知府马元捐俸辟路重修，有记。

2/ 乐昌县14桥：东川、双桥、塔头、天寿、富村、沧湖、岩、荅遥、仁里、九峰上等桥。（余略） 164/31

双桥：一曰迎恩桥，一曰禄溪桥，俱在东南半里，宋进士邓纯造。明天顺间纯裔孙茂重造。

3/ 仁化县17桥：会滇、下周、百里、版桥、乌石、石母、塘遥、斗水、赤口等桥。（余略） 164/31

4/ 乳源县33桥：斗门、乾坑、燕口、打鼓坚、竹子、流芳、大富、柳木、梯下、明月、广济等桥。 164/32

5/ 翁源县24桥：镇青、燕泉、接龙、雷溪、大功、安龙、猿藤遥、四福、三盛、蒋风、寡婆等桥（余略） 164/32

镇青桥：在东街，桥上竖坊，前扁曰镇青桥，后扁曰迎阳街。康熙四年知县翟廷樗重修。

6/ 英德县66桥：何公、万福接龙桥、滑石、安陆、塔桥、龙门、顶峡等桥。（余略） 164/32

何公桥：在城西寿英坊下，宋郡守何智茂造，苏轼铭。明洪武间废。永乐间知县洪友信修，改名通远，嘉靖间废，知县何世编重造，复呼为何公桥，胡溥记。

20×20=400（京文）

673

164/32-54

第　　页

◎浈峡桥：17座，知府符锡新开峡路，凿石为之。往为暴水，多致倾圮，陆行负担维艰，舟行亦牵挽不易。清康熙元年镇守官捐赀砌筑，下至清远，上至浈阳，为桥53座，数百里内皆成坦途，王名华。张启泰记。

韶州府祠庙考　职方典第1318卷　第164册　（府志）

（英德县）曹主行宫：在通远桥豊贤坊，因乱倾圮。康熙壬子年冬，知县张斗捐俸修复。164/44

韶州府古迹考　职方典第1319卷　第164册　（府志）

（翁源县）雪溪亭：在西门外三里，今建为桥。164/48

（英德县）浮图：在绿水桥边，高九级，建于天启年间，与鸣弦峰对峙。164/49

韶州府艺文　职方典第1320卷　第164册

何公桥铭　（宋）苏轼　164/52
早发韶州（诗）　（唐）宋之问　164/54
开元寺（诗）　（唐）韩愈　164/54

20×20=400（京文）

674

广東南雄府部 165/4

南雄府关梁考 职方典第1321卷 第165册 (府志)

1/ 本府(保昌县附郭)15桥：太平、万年、接龍、三樓、長遥、驷馬、凤凰、長圍、修仁、栏口等桥。(余略) 165/4

太平桥：在府正南门外，宋初创浮桥。开禧丙寅，知州蒋周臣始筑石为梁，名平政。宝庆丙戌赵績修，更名万寿，明知府張璞易今名。

長遥桥：在城東20里。宋郡守李熙创。按通志，長五丈，庆元六年修。

凤凰桥：在城東北30里。宋景德四年，凤凰翔集故名。按通志，明成化癸卯，知府江璞修，嘉靖丙申，知府葛桂修。

長圍桥：在城東40里，元至正间创。按通志，明成化癸卯知府江璞修。隆庆己巳知府林应節重修，尚書譚大初记。桥凡七墩，长15丈，广12尺，東西設二坊，東曰垂裳关，西曰湾水桥云。

栏口桥：在城東120里，宋绍兴间创。

2/ 始興县12桥：仙師宫桥、江口南风水桥、接龍、九獅石桥、斜潭桥、谢家桥。(余略) 165/4

江口南风水桥：按县志，县北20里，崇祯十年僧接雲募化鼎建。

20×20=400 (京文)

675

165/4—16

第　　頁

谢家桥：旧通志在县东北30里，寡妇谢氏造。

南雄府祠庙考　联方典第1323卷　第165册　(府志)

(本府)石桥寺：在太平桥北，今为明善社学。　165/12

塔院：在水口桥。　" "

南雄府古迹考　联方典第1323卷　第165册　(府志)

(本府)玉虹楼：旧通志在太平桥南，今废。　165/14

南雄府艺文　联方典第1324卷　第165册

平政桥记　(宋)曾丰　165/15

重造太平桥记　(明)周偕　165/16

20×20=400（京文）

676

广東惠州府部　165/22—30

惠州府山川考　职方典第1325、1326卷　第165册　（县志）

（博罗县）青霞谷：为蘇真人修煉之所，其東南有会仙桥，麻姑往来其上。165/22

孤青峯：在天汉桥之西南，其下即黄龍洞。165/22

天池：在罗浮山铁桥，周可五里，水应海潮，是曰神湖，一名瑶池。神湖東三里曰异天桥。165/23

凤浴潭：铁桥下瀑水出焉，分东西流注于潭，曰龍蟠焉，是曰五龍潭。165/23

学湖堤：在东门外，为隄捍外堤，达府要路，后知县马显明等相继修筑。明万曆间大演里人副使曾舜渔叠石为桥。165/23

惠州府关梁考　职方典第1329卷　第165册　（县志）

1/本府（归善县附郭）二桥：宁济桥　165/30

2/博罗县九桥：保宁、兴仁、迎恩、蝴蝶、黄塘、顺丰、相思、宁济、白沙堆。165/30

保宁桥：在县西长寿观前，跨榕溪，宋德祐元年知县黄保始伐石为之，高12尺，長十丈，广一丈。明景泰七年，同知蘇旭、知县郭显令潘义何正募建，下开二道。

20×20=400（京文）　677

165/30-31

兴仁桥：在北门外。元至元丙子，监县罗里致甫叠石架木，长六丈，广八尺，寻废。明正统八年知县赵澧伯道人国子学正李亨募造，尽甃以石，下有二孔，久圮，行者病焉。万历癸巳知县邓以诰凿山石新之，高一丈八尺，长六丈，广一丈二尺五寸。

迎路桥：在北门，长200步，石构。

蚌蛇桥：在长乐沙阀，跨蚌蛇塘，长20丈，乡人以木为之。

相思桥：在县北十里，宋丞相留正与肖之伥宋卿读书罗浮，往来苦涉，作桥以渡，后为相，乡人因名之。今废为渡，讹为相思桥。

3/长宁县　关梁无考　165/30

4/永安县无桥梁

5/海丰县20桥：龙津、赤岸、罗山、从正、峻溪、小液、大液、北襟、山门、仙人、梨木等桥。（全略）165/30-31

从正桥：在县东50里，架木以渡，旧名歪桥。里人刘国勋易石延焉，碑之而为之铭曰：不正从正，法留长流，公行大道，保万千秋。

小液桥：在县西20里，宋绍兴四年知县陈宸造。

仙人桥：在石桥场，计365间，创始已佚其人。两

678

165/31—

第　　页

岸皆水，而桥独居海中。世传有谶云：石桥圮收北塞，五百年来状元出。

6/ 龙川县17桥：魁龙、龙津、西安、北平、杜子前、东新、嘉禾、腾阳等桥。（全名） 165/31

西安桥：在城西二里，宋端平州守宋羽创，嘉靖乙酉岭东佥事施儒重修。

7/ 长乐县37桥：龙头、大亨、洞、天虹、长清、罗经、倒文、黄龙、芋坑、肃清、万元等桥。（全名） 165/31

万元桥：在南厢，旧名新河桥，今犹呼之。万历己丑知县施六卿督民重修，覆以亭，因名万元。崇祯元年夏洪水冲废，居民醵金造以木架，每使往来。后居民醵往缮募众砌以石。

芋坑桥：在县南90里，万历45年乡人胡日棣、刘楷、刘春麟、赖君惠、袁出银为倡，募众买石构造，长五丈馀，往来便之。

（全名）

8/ 兴宁县25桥：西河、富安、黄坡、鸭母、千金、金带、岳桥。 165/31

西河桥：旧以双舟渡人，嘉靖癸未知县祝鹏初置浮桥24艘，凡15年废。戊戌知县方述改作石桥，上覆以亭，凡13年废。庚戌知县黄国奎复改浮桥二十有三，两岸砌以石，系以铁锁，编桥舟二

20×20=400（京文）

679

165/31-55

人以蔡、字名曰西河桥。 165/31

9/ 连平州关梁无考 〃 〃

10/ 河源县四桥：聚龙、南馆、桂香、仙女 165/32

桂香桥：在旧城西南龟峰古塔下，宋古成之登科归乡人迎于此因名。

11/ 和平县三桥：寅宾、南薰、化龙。 165/32

惠州府古迹考　职方典第1330卷　第165册　（县志）

（龙川县）苏隐堂：在白云桥，旧名台隐堂，宋苏黄门辙、陈谏议次升谪惠居此。…… 165/48

（兴宁县）留湖田：在县东南一里东海桥背。谶云：水打留湖田，兴宁出状元。…… 165/49

一鉴亭：在西河桥外，明嘉靖31年知县黄阁奎造。 165/49

惠州府艺文　职方典第1331/1332卷　第165册

铁桥铭　（宋）孙继芳　165/51

两桥（诗）　（宋）苏轼　165/55

又又又　〃〃〃　〃〃

残腊独出湖上（诗）　〃〃〃　〃〃

新年（五首之四）（诗）　〃〃〃　〃〃

680

165/55—57.

第　　頁

过丰湖（诗）　　（宋）翁梦鲤　　165/55

永济桥（诗）　　（宋）韩日缵　　〃〃

明圣桥（诗）　　（宋）陈〃运　　〃〃

大通桥（诗）　　〃〃　〃　　〃〃

迎仙桥（诗）　　〃〃　〃　　〃〃

西湖花饮（诗）　　（宋）逯国柱　　〃〃

友人西湖闲步（诗）　　（宋）庾　梅　　〃〃

惠州府部外编　职方典第1332卷　第165册

（府志）白鹤观音堂尼焜偕妇牟登飞云顶上寓目，有一女徒步而来，焜伴精庐，忽见堂之大殿花木夹道。信步而行，行绝处见悬崖万丈，跨一小桥，非木石所作，如铁状，险不敢渡。回首招伴，不见前途。165/57.

（龙門）

20×20=400（京文）　　681

广東潮州府部 166/3—11

第　　页

潮州府山川考　职方典第1333/1334卷　第166册　（府志）

（潮阳县）洪桥水：出自黄冈山而東流注于海。166/3

（揭阳县）仙桥山：在仙桥溪。〃〃

（惠来县）洪桥溪：在县東50里，发源金刚髻山，经東铺至靖海港入海。166/5

（普宁县）衣带水：在城西南一里，源自南溪桥，绕城壕绕東而北合于溪。形家言以为隨山之水注若衣带。166/9

冬瓜屿水：在城西三里许，发源冬瓜，经北门外接龍桥，逸入城壕，过北水关，東向崑山，流于南而绕崑山合通铁湖桥。度桥而東则水道浸广，绕折不一，历石潭溪，过平宝山下至莲花溪，出双溪口与揭阳大溪水合。166/8

潮州府关梁考　职方典第1335卷　第166册　（府志）

1/ 本府（海阳县附郭）27桥：广济、去思、湖头、洗侯、思古、踏白、平福、黄桥、庵头、双港、凤栖、弥陀、象头、猪蹄、长美等桥。（余略）166/11-12

○广济桥：在城東跨韩江上。广二丈，长180丈，旧名济川。西洲创于宋州守曾汪，后朱江、王正功、丁允元、孙叔谨增筑为十。東洲创于沈宗禹，后陈宏

20×20=400（京文）

682

166/11-12

第　　頁

规，林嵘，林会增筑为十有三。久之洲坯梁断，宣德中知府王源垒石为墩二十有三，架亭屋120有六，造舟二十有四为浮梁，更今名。会稽姚友直为之记。弘治中大水梁坯，同知车份重修石洲，造亭屋20间。正德中知府郑良佐、谭伦易梁以石。嘉靖间知府丘其仁立桥东西二亭以息过客，而桥南北皆甃石栏而坊以灰，岁佥桥夫44名，渡夫十名司守。万历间御史蔡梦说重修石梁。崇祯间先火灾，清顺治庚寅，郑成功毁之，亭屋石梁存者仅十一。后总镇郝尚久取城内旗竿暂架为梁。次年道镇府委蔡元将杉木造为桥梁篷板，便民往来。癸巳郝尚久叛，又自毁木桥数洲。后署道田委蔡元仍修桥梁。乙未年知府黄廷献将大木头架造二洲，并修理别洲。辛亥年学道程宣、知府宋徵璧委经历董士超督造桥梁。康熙16年八月24日夜桥洲有声，骤倒一洲，知府林杭学修造。19年知府杭学委生员李奇俊重造桥梁及浮船铺板。

○去思桥：在城西北隅，宋嘉定间赵谨造，以谨有惠政，故名。

沈侯桥：在南门外，开禧间知州沈植造，故名。

20×20=400（京文）

683

166/12-13

第　　页

凤埭陈陀桥：康熙18年李奇俊捐资倡募重造，俱在东厢。

象头猪蹄桥：康熙20年知县刘永造，在北厢。

2/潮阳县22桥：华亭、四人、华阳、和平、成田、麒麟、下淋、洞内、十家、潘湘、苏桥（余略） 166/12

四人桥：在城内，以四隅有石人也。

和平桥：在城西南，宋室和僧大峰始。长30丈，广九尺，计19间。其南北距岸两间未完而大峰逝，邑进士秦寰成之。元末土人谢均正僧揞焚毁，洪武初僧先言修。

潘湘桥：在潘溪村，唐进士洪奋虬造石梁七间，今废。

3/揭阳县30桥：南津、北寨、南窑、猴水、牛程、木棉（余略） 166/12

4/程乡县12桥：状元、嘉应、洋门、百花、复信（余略） 166/12

5/饶平县18桥：双义、广德、铺上、连棣、柏子、仙市（余略） 166/12

6/惠来县九桥：先华、武宁、禄昌、萧善、林根、百丈（余略） 166/12

7/大埔县11桥：方公、安靖、左通、右达、下腾、云川（余略） 166/12-13

8/澄海县24桥：王济、鲍济、仙市、康桥、洸生（余略） 166/13

9/普宁县13桥：百里、钱湖、东洋、拴龙、鲤湖（余略） 166/13

10/平远县九桥：骑马、华虹、永昌、丰德（余略） 166/13

11/镇平县四桥：北角铺、寨背、大埝背、下城 〃 〃

20×20=400（京文）

684

166/24—47

潮州府风俗考　职方典第1337卷　第166册　（府志）

（本府）土人：……妇女度桥投桃，谓之度厄；或相携以归谓之宜富。……　166/24

潮州府祠庙考　职方典第1338卷　第166册　（府志）

（本府）王公祠：在广济桥东，祀知府王源。　166/25

宁波寺：在广济桥，宋时建……　166/27

潮州府古迹考　职方典第1339、1340卷　第166册　（府志）

（本府）思韩堂：在府治后，宋知州孙叔谨建。堂东亭曰叠翠，陈尧佐书，此曰独游，今废。陈有诗曰：记得迩人旧吟处，独游亭在野桥西。　166/35

（明一统志）仰韩阁：在府城东济川桥右，元至正中通判畲贤能建。

潮州府艺文　职方典第1340卷　第166册

广济桥记　（明）姚友直　166/29

东山八景望仙桥（诗）　（明）刘玘　166/42

过潮阳咏文山（诗）　（明）王思　166/42

潮州府外编（墨客挥犀）（潮中杂记）大峰和尚造和平桥，虞（？）（鉴）文于城隍及水府，潮水为之不应者凡七日云。　166/47

20×20=400（京文）

685

广東肇庆府部

166/51—167/2

肇庆府山川考　　职方典第1343（1344、1346）卷　第166册　（府志）

（本府高要县附郭）七星岩：在县北七里，連属曲折，列峙如北斗状……隆庆间，郡守熊傅于岩左建水月庵而堤其前为沼。由是郡人乃于山半建玉虚宫，自水月庵后凿石磴五百步乃跻焉。又架桥瀝湖，名曰星湖。……　166/51

顶湖山：在县东北40里水坑都。……山半有白雲古刹，……寺下有罗汉桥，……　166/51

跃龍桥水：在城东，一名新瀝水。明万曆间，知府王泮采众议，分引瀝湖，自石头窗出大江，泄潦有所洩，民受其利。　166/52

（阳春县）翘石岩：在县北循西，枕江堧，讹呼桥石。故邑志八景有石桥游鳞，往时澄潭无底，今渐淤浅，又有元笈岩、马鞍山、棋石。　166/55

（开平县）合水咀：在县東南廿里，双桥、长静二水至此合流。167/1

（德庆州）香山：在州北二里……为州之主山，昔多香木，故名。……有激玉泉、玉桥。……　167/1

锦石山：在州西50里，……有仙人桥……　167/2

肇庆府关梁考

20×20=400（京文）

686

167/10—11

第　　頁

肇庆府关梁攷　职方典第1346/1349卷：第167册（府志府县志合）

1/本府（高要县附郭）14桥：聚星、寿仙、玉蝀、彩虹、跃龙、腾蛟、新蓢、邀月、福济等桥。（余略）　167/10

新蓢桥：在宝查梁家前，古桥也。明崇祯四年知县谭明照重修。

2/四会县13桥：太平、石桥、花山、清箄、大埔、迎仙、接龙、三登等桥。（余略）

迎仙桥：在西门外，旧名石巷。明洪武间，有异人待于桥上而雨，改今名。

三登桥：在城西北二里仁寿都。相传有三人一时登科故名。

3/新兴县22桥：文昌、河村、太师、夫人、芙蓉、裹院、洗河、网庄、勘头、蚌山、僊桥、龙~~母~~等桥。（余略）　167/11

文昌桥：在县东城外，旧名仁义。宋绍兴辛巳州守王焕章、佥判陈光修造，改名熙平……明万历二年知县王民顺始伐石于十里岗，为址者九，为堤者二，架木为桥，覆之以屋，屋20有五楹，中为阁，更名文昌……康熙11年知府李超重修。

夫人桥：在县东22里崎村，户部郎中彭泽妻叶氏捐银筑造，俗呼为夫人桥。

20×20=400（京文）

687.

嗣应桥：在县南十里玉皇阁，邑人潘伯坡父求嗣有应所造。

勘头桥：在县南12里勘头村，石桥二，上桥往观洞许村芷父，下桥由官路通龙岩入龙山，传宋淳祐庚戌年造。清顺治间下桥圮，康熙12年邑举人潘毓珩重修。

蚌山桥：在县西南四里蚌山前天塘大路，宋绍定四年造。

履桥：在县西天塘河头白马局亭80里，明崇祯六年僧见云募缘造。

4/阳春县五桥：青石、東门、南门、柏木、鸭拢。 167/11

5/阳江县14桥：潮蓑、黄竹、平望、那雕、邊村、麻思（余略）167/11

6/高明县23桥：小海口、進臣、两州、喜鹊、石龍、金钱、洞心、独阁、古水、水覆、洸村、万岁（余略） 167/12

7/恩平县八桥：朝阳、歇马、南水、莲塘（余略） 167/12

8/开平县九桥：波罗、大州、学额、龙塘、古宅、蟠唐（余略）167/12

9/德庆州16桥：缴玉、化龍、古榄、九曲、東胜、洋月、逍遥、龍门、甘桥、万寿（余略） 167/12

10/封川县11桥：长板、泰安、状元、第五、泰新、渡口（余略）167/13

状元桥：在文德乡薇村，唐状元莫宣卿祠前。

第　页　　167/13

泰新桥：在修泰乡新塘村，嘉靖12年邑人陈时用节造，长十余丈，阔一丈，上覆以亭。

渡口桥：在修泰乡渡口塘上，水深岸高，旧架小木过者多溺。明万历间，邑东厢义民李奇鸣捐造，砖砌两墩，基中竖铁力木柱，往来称便。

11/ 开建县12桥：毓秀、塌岸、岩峒、龍吟、蟠水、锦绣（余略）167/13

毓秀桥：在南门外30步。明洪武九年知县宁于两建。弘治间知县梁善重修，嘉靖间推官赵琳文修改名通济。后圮，筏渡20余年。隆庆间知县胡希寅伐木为桥，翼以扶栏，往来称便。

龍吟桥：在正街右35步。以水出自金锡龍吟水，逶迤而来，拱抱黉宫，环带邑治，此会于开江，为一邑风气锁钥而毓人文，故名龍吟。清康熙六年，旧桥为洪水漂圮，木石无存。康熙八年邑令张冲斗捐赀倡率重修兴建，上覆碧瓦，旁列雕栏，中祀三官。每风晨月夕，临风远眺，诚胜概也。而桥下之水，嫌其顺直，为之叠石收曲，遂风气凝聚，焕然改观矣。后之人文继起者，其知今日之功哉。

肇庆府祠庙考　职方典第1350卷　第167册（通志、府志合録）

（龙门）　30×20=400

20×20=400（京文）　689

167/29—42

第　　页

(德庆州)中业祠：在东濒江万寿桥之上，祀宋赵师旦。167/29

(开建县)关帝庙：在县南龙吟桥之北埠。167/29

天妃庙：在县南汤溪龙吟桥之南埠。167/29

(德庆州)慈力寺：在城东厢九曲桥内。167/31

非庵：在香山寺北四十余步，顺治壬辰，郡人李一锦建。康熙七年知州秦世科增饰之。……庵门松阴之畔漆石桥一道，引水入庭，过四达门外，下石台而入莲池，……167/31

肇庆府古迹考　职方典第1352/1353卷　第167册　(府志)

(阳江县)西园：在旧州治西，周二里，乔木搏阴，怪石争耸，萧然出尘，亦名盘玉壑。宋政和间知州游经作和理堂，凿濠植莲，有桥从菡萏花中过，人在琉璃镜里行之句。……167/41

(德庆州)留春楼：在太平桥西。167/42

登瀛亭：旧名登云，在城东五里登云桥上，明永乐八年建。每宾典劝驾及饮饯送迎皆于此。嘉靖间知州方用改今名。167/42

九曲亭：在州东一里壕侧，壕水通于万寿桥下而入于河，驾木桥以通往来。明正统间州民张

690

167/42–50

第　　頁

宜曙迎亭其上，桥下水流九曲，故名。167/42

(开建县)严陵台：在严桥之东一里，故址见存。" "

(新兴县志)文昌阁：在文昌桥中，明知县王民顺建。167/42

肇庆府部杂录　职方典第1354卷　第167册

(春明梦余录)肇庆西界平阳江会处鹿图黄竹桥乃高廉雷琼要衢……167/50

20×20=400 (京文)

691

广東高州府部　167/54—57.

第　　頁

高州府山川考　职方典第1355卷　第167册　(函志)

(化州)浮梁山：在城西北十里，一名扶良山，山色秀叠，其形仿佛庐山屏风九叠，脊绝如桥梁浮半天上，道人踪迹有访。167/54

(石城县)九洲江：在城东北20里，源出广西陆川县南桥江，南流西接本县苹双水入海。其江中多水浅沙渚出露有九，故名。167/55

东桥江：在城东南40里，源出化州谢获山，南流20里，经遂溪县柳浦东流会石门水入于海。167/65

高州府关梁考　职方典第1356卷　第167册　(函志)

1/本府(茂名县附郭)11桥：雅德、南桥、甘竹、秀竹、邑黎、流旋、仙觉、霖水等桥。(全略)　167/56

2/电白县25桥：下蓝、道士、大莘、秃鲤、木窟、那夏、热水、罗浮、龙珠、鹹水、起凤等桥。(全略)　167/56-57.

3/信宜县九桥：八栗、栗木、塞西、罗登、庙桥、南界(全略)　167/57.

4/化州14桥：龙纹、马塅、水箕、字阴、叢竹、雷山(全略)　167/57.

5/吴川县10桥：延棠、龙运、唐禄、那丰、芦花、平定(全略)　167/57.

6/石城县11桥：西园、那蓑、大桥、高桥、绝江、驻马、西牺、镇龙(全略)　167/57.

20×20=400(京文)

692

高州府祠庙考　職方典第1358卷　第168册　（通志）

（本府.茂名县附郭）三贤祠：在郡治南桥边，即清溪书院故地之旁……今为行亭废地。 168/5

（电白县）浮山寺：在三桥，即水月观音庵，去城70里。168/6

高州府古迹考　職方典第1359卷　第168册　（府志）

（本府）海国遊观亭：在太平桥南宝岭巅，知府郑铜建，仅一间。一瞰鉴江，萦廻澄澈，四顾層城，楼台隐見。明嘉靖己酉知府欧阳烈用砖于亭前架搭篷一间，扁曰小醉亭。 168/11

广東廉州府部

廉州府山川考　職方典第1361卷　第168册（府县志会）

（本府合浦县附郭）龍门嶺：距县十里，龍门水出焉。水西南流合惠澤泉入龍津桥，遶城南会珠母南津諸水入江。……　168/19

新寮闸江：在县東60里，源出母鸡山流入大廉港，潮溯東馬难渡，明成化年佥事林錦造木桥以濟往来，砌闸设关，分営兵以司启闭，此郡之咽喉也。　168/20

東湖：由龍津桥竇城而入遶巡道署左汇为湖，旧为学宫之育鱼池。　168/20

南湖：出雲龍桥後汇为湖由南城而出入于江——168/20

（灵山县）古豆山：在县西200里，嶺有一小池，四时流泉，人往来借过七娘桥一架。　168/21

廉州府关梁考　職方典第1362卷　第168册（府县志会钞）

1/本府（合浦县附郭）11桥：化龍、三里、黄竹、闸口、石康（等等）168/23

化龍桥：在西关康宁铺。知县林有本筑堤架桥，建龍门書院于上。因崩卸，康熙九年生员李禧，郡人莫如指倡募化，用石砌复。

2/欽州一桥：盍埔桥（今废）　168/24

694

第　　　页

府县志古桥关系

1/本府13桥：云龙、太山、演武、武城、竹桥、鸭儿（余略）168/24

2/钦州七桥：大奄、蓑竹、牛栏（余略）〃〃

3/灵山县14桥：武利、鲤鱼、洪崖、竹根、李钦、黄穗（余略）168/24

廉州府古迹考　职方典第1365卷　第168册（通志、府志合刻）

（本府）爱民亭：在城西门桥侧，为知府沈伦建。今圮。168/36

仙人桥：在府治东50里新寮堡之前，溪中突起一石，微如巨舟，长四丈阔半之。南岸斗石连穹，此岸條石横架，上有巨人迹，南有石人隶侍。西岸有地址如城池之状。迤东又一石桥，横架小溪，桥头有石佛、石磐。俗传仙人撑石船到大廉小港，此西石廉，已此闻鸡鸣乃止，又名石鸡桥。168/36

（灵山县）石室：在县西狼濞山，宁悌藻读书之所，有石室、石门，外有石桥，两石人夹峙其上。168/36

廉州府艺文　东湖（诗）（宋）陶弼 168/40

西湖（诗）〃〃〃〃 〃〃

钓石（诗）〃〃〃〃 〃〃

天涯亭（诗）〃〃〃 〃〃

廉州府外编　（南史）阿育王像，晋咸和中丹阳尹高悝行至张侯桥，见浦中五色光长数尺……168/43

20×20=400（京文）

695

广東雷州府部　168/45—50

第　　頁

雷州府山川攷　職方典第1367卷　第168册　(府志)

(本府.海康县附郭)南亭：在城西南一里自南海支分北流至郡城西与西湖東閘水合.明正統间太監張永造第一桥,水即止于桥下,指揮趙让复造便渡轩于西岸,舟楫搬运货物輻輳南市賴之。168/45

雷州府关梁攷　職方典第1368卷　第168册　(府志)

1)本府(海康县附郭)36桥：龍凤.阜民.冠英.水月.第一.西科.麻含.浮碧大桥.浮碧小桥.文昌.芝林西桥.芝林東桥.将軍.那汀.南罗.那蛛.步陸.山门.安民.仙居等桥.(余略)　168/50

○龍凤桥：在府治中道前。先是海北名郡坊前对一屏墙壁立長濠上,了無餘地。明万曆壬子夏,推官歐阳保改此龍亭庫于前,因移向前一丈五尺,前面色整宽广,伐石造一拱桥,接地色以往来,周围衛以石栏。以其为龍亭出入之地,且左右有龍亭凤仪二坊至峙,故名曰龍凤桥。

△阜民桥：在城中正坊衛治前。宋乾道五年郡守戴之郡甃。桥北旧为州治,故曰阜民。元延祐七年廉访使上达世礼建閣通宝阁於上,歲久湮塞。

20×20—400(京文)

696

168/50-57

明正德间郡守王秉良重修。

○第一桥：在城外宁国坊南亭溪上。旧为湖汐往来行者病涉，太监张永伐石跨溪为桥，因绝其流，舟惟泊于桥下，民苦于搬负。明嘉靖12年郡守黄子行从民便，凿石拱之，高阔视昔有加，上树栏墙，疏浚溪流直抵惠济东桥之下以通舟楫，民德之。

通利桥：亦名第二桥，在郡城外西湖二里白沙陂边。宋乾道间郡守戴之邵开渠灌田砌石桥以利灌溉故名。

浮碧大桥：在城西约五里麻扶村。宋乾道间，郡守戴之邵伐石砌桥，路通白院，以溪导有竹木之影荡漾碧绿故名。

○文昌桥：在城外天妃庙前。明万历14年两学诸生因郡治水欠环绕，文运不振，白守道、王民顺捐俸凿渠200余丈，塞麻沉直泻导万金溪水横绕郡城西会湖潮而出海，太守任士谟筑土护助之，同知万里捐俸修饰。嗣是文武登科者众，士民指其桥为云梯云。王民顺有诗。

○将军桥：在南60里。宋僧妙常砌石桥三间，南通徐墳，北通郡城，因地有二石将军于桥侧故名。

20×20=400（京文）

1697

168/51—52

第　　　页

2/遂溪县14桥：午安、山脚店、云梯、状元、邓龚、庄家、仙桌城月、邓弄、乌泥、百丈、停塘、西溪、善榜　168/51

○午安桥：在遂溪南门，向因变乱，杜塞行路，由东门入城。康熙癸卯郡丞王弘鉴（志）署县，欲开南门，人曰：开南门虑有火灾。志曰：以癸年开之，可以安矣，因题其门曰午安。又于田中筑起大路跨桥渡水，题曰午安桥。

○云梯桥：在县东南70里22都上步村。宋时民孙绍赴省闱经行梦曰从中梯回方过此桥，因名云梯。

○状元桥：在县东南70里22都下步村。宋时士人戴瑚先代石砌桥路东通郡城。宝祐四年邑人纪应炎及进士第还经此，邑人荣之，因名。

△庄家桥：在县南80里21都。宋咸熙元年僧久刘宗甫募缘代石砌桥，路通郡城。昔有庄姓名时孙者中咸淳间进士，居其地，故曰庄家。咸淳六年县尉陆永仁重修。

V百丈桥：在县南180里第三都特侣塘中。宋绍兴初道人冯氏募缘砌二址之，寻废。绍兴二年郡守俞令赵伯樘捐金，命乡人陈师正重修。嘉定16年太守陈诚复命僧珍应募缘重修，李仲尧记。明

20×20=400（京文）

698

168/52—169/12

正德丙子郡守王东良与工垒砌，叠石墩15，通水道14，梁以石，栈架之，长阔如故，经南通郡城，北通遂溪县。因其基长，故曰百丈。

31 徐闻县18桥：龙清、大水上桥、调禄那调、那梓、那楼、兴利、南包、葫芦（今名）　168/52

大水上桥：在县东十里。元大德主簿吴均修造，长15丈，阔二丈，经通锦囊。

雷州府祠庙考　职方典1370卷　第169册　（府志）

（遂溪县）通济庵：在县南80里庄家渡。宋咸淳间僧引宗诚就庄氏之地创造。先是宗诚募缘造通济石桥跨渡之上，障仁水记，故庵因桥名。后毁于劫火，明洪武三年僧无量重修。……　169/4

雷州府艺文　职方典第1372卷　第169册

百丈桥记	（宋）李仲光	169/10
西湖草榭（诗）	（明）陈文藻	169/12
题西湖（诗）	（明）詹世龙	169/12

20×20=400（京文）

699

广東琼州府部　　169/17—21

第　　　页

琼州府山川考　职方典第1375卷　第169册　(府志)

(本府.琼山县附郭)苍屹山：在县南二里许洗马桥南，石峰屹立，傍有石壁刻云：苍龍蜿曲自何起，伏回翔几里，后人於句下添方.长二字。169/17.

西南湖：在县南50里雷虎都。其湖40步有仙井，上有仙游遗迹，有石刻诗。其流灌出溉田百余顷，出昌者桥通南渡江入于海。169/17.

五龍池：在县西12里五原都。泉五派涌出，清冽成池，经演涯铺南岁桥出海。169/17

南宫井：△在南桥外南宫殿庙后，泉味甘冽，大旱不涸。169/18

琵琶井：△在南桥唐解元谦的宅居旁，有大琵琶樹陰蔽於上，今有奇木，故以此名。……169/18

双眼井：△在县南桥外山川壇北山下，泉甘冽不下沙井。169/18

(定安县)桥头溪：在县西南十里许，水上叠石为桥以渡行人。169/19

(文昌县)南桥水：在县治西翰二里，即文昌江。水源有二：一自迈南山，一自龍塘，各流至县前相会，達清澜入海，有便民.太平二桥。169/19

(会同县)滴鱼溪：在县北五里有平砖桥。169/20

(万州)東山岭：在州东二里，脉自馬鞍山来。……万

20×20=400（京文）

700

169/21—30

第　　　　　頁

曆34年进士梁必强叙度仙桥升绝顶。…… 169/21

（陵水县）陵柚水：在县北十里，水自南还岭流出港入海，官道迳桥于上，即大寨溪。 169/22

（琼山县志）白土井：在海口迎恩桥西，明李隆吴缮开。 169/23

吐华井：在乐会都，流入南水桥，清冽。 169/23

琼州府关梁政　职方典第1376卷　第169册　（府志）

1）本府（琼山县附郭）42桥：水衍、瑞云、洗马、博冲、淘袭、饗水、和銮、惠龙、还龙、买舍、乾桥、五原、那舍、绥龙、白沙、陂蔡、烈楼、博达、博合、秃桥、梁老、淘天、那廉（全略） 169/30

瑞云桥：即城外南桥，旧名虹桥，宋建，长65丈，广11尺，九洞。明天顺间副使邝彦誉增高二尺，存三洞。万曆21年地坏，郡守阮纯如委强應陈忠重修，教谕韩鸣金记。33年地震复崩坏，乡人募工修之。

洗马桥：在县西南二里，宋建，人多于此洗马，因名。又名数仙。水自龙井流水达瑞云桥。

√买舍桥：在县东20里太林都。元僧无升募建。水自南渡大江流出塞港入海。

√五原桥：在县西20里五原都官道，宋南渡无名僧建。

√陂蔡桥：在县东30里小林都。元僧无升建砌

20×20=400（京文）

701

第 页 169/30—32

水自家山田涧流出，经砵松坡达塞港入海。

那康桥：在县东60里符离都。元僧無我建，水自万都山涧流出莊田渡达铺前港入海，今圯。

2/澄迈县19桥：裏桥、外桥、稍阳、沙地、買柳、潭洸、那面、塔桥、馨水、福丰、樂道、濟茂（全略） 169/31

買柳桥：在县南那舍都，宋陈道叙女善長用石造。

塔桥：在村平石叟里，今名博麻桥，宋时修筑。

濟茂桥：在县西一里，宋造以石墩分二渠，道经潭才村通东水港。

3/定安县四桥：見龍、利涉、多河、平田。 169/31

4/文昌县九桥：白芒、藤桥、長岐、潭牛、三官、冷水（全略） 169/31

5/会同县三桥：洗馬、关西、平政。 169/31

6/樂会县三桥：樂典、南城门、北城门。 " "

7/臨高县六桥：臨江、清来、官榮、潭流、道隆、討精。 169/31

8/儋州八桥：大江、小江、望東、洗兵、擬魁（全略） 169/31

9/昌化县一桥：拱辰桥 " "

10/万州22桥：平政、南濠、会星、多糧、田头、銅脚、那嵉、黎峡、龍滾、香山、浼头（全略） 169/32

平政桥：即东山桥，元翁汝贤造，明万曆年间士民重修。

20×20=400（京文）

702

169/32—53

11/陵水县六桥：朝阳.歌董.大寨.石赖（今留） 169/32

12/崖州17桥：万里.镇南.多零.多银.長山.東龍（今留） 169/32

多零桥：在州東80里，元以木造。水自西北刀村黎山南流入海。

13/感恩县三桥：北港.板桥.抱集. 169/32

府志未载关梁

1/琼山县志四桥：文明.卜壁.北剑.接龍. 169/32

2/澄迈县志二桥：南门.那油. " "

3/文昌县志一桥：西山廖家桥. " "

4/会同县志二桥：西苑.禮曹. " "

5/乐会县志六桥：东门.田堤.阳秋.南梅.黄陵梁.得琛.歐公. 169/32

阳秋桥：在县西北六里上大乡阳秋溪口。……

黄陵梁：在县东八里中珠乡，遇水涨难通，旧无桥。康熙三年知县林子兰捐资创造，行者称便。

6/万州志一桥：艾家桥 169/32

7/崖州志一桥：藤桥 " "

琼州府祠庙考 （澄迈县）西门塔：在襄桥左，元时建。169/53

169/59—170/5.

第　　頁

琼州府古迹考　　职方典第1382卷　　第169册　（府县志）

（本府）开元寺：即古乾亨寺，宋造，在南桥，今废。169/59

　　丽泽亭：宋建，在郡学门外江心，跨桥以登。植美蓉最为胜概，因后守帅迭议频数，教官厌于应酬，遂废。169/59

（澄迈县志）西门塔：在东桥右。元时设以镇水口。明嘉靖间知县唐叔宾重建。万历33年地震倾塌，37年知县周士昌命耆民李时峻督工重建未竣，38年知县曾国拱璧典之落成。169/61

（定安县志）桥头溪：在李家居旁，来龙过脉，两岸叠石天然成一桥头，明尚书王弘诲作桥于此，为龙梅四景之一，学士大夫多有题咏。169/61

（儋州志）湛然庵：在州大江桥北，宋泉人许廷惠构，折彦质名。169/61

　　问汉亭：在州后大江桥北，宋闽人许康民建，胡铨命名，李光尝于七夕策杖登亭。169/61

　　迎恩堂：在城北小江桥，明永乐间宜伦主簿萧韶造为迎诏之所。169/61

（昌化县志）拱辰桥：明洪武四年知县姜依建，今废。169/61

琼州府艺文　　职方典第1383卷　　第170册

文笔峰（记）　　（明）王贽　　170/4

桥头溪（诗）　　（明）王贽　　170/4

苍屹山（诗）　　（明）郑廷鹄　　170/5

20×20=400（京文）

704

广东罗定州部　　170/10—12

第　　页

罗定州山川考　职方典第1385卷　第170册　(州志)

(东安县)南山河：源发大绀山，迳县城南二里许南山桥下。澄潭水清，游鱼可数，日晚桥畔渔樵归棋，群歌相和，好事者搭篷泉棹游憩以为行乐……170/10

罗定州关梁考　职方典第1385卷　第170册　(州·县志公署)

1/本州八桥：大冈，四凤，蟠龙，古横。(余略)　170/12

2/东安县六桥：九龙，夹河，富霖，南乡，大通。(余略)　170/12

3/西宁县八桥：文昌，回龙，太平，平政。(余略)　170/12

广东黎人岐人部　无桥梁资料

广东猺獞蛮獠部　无桥梁资料

20×20=400(京文)

705

广西桂林府部　　　　　　　　　　　　171/4-8

广西总部　　无桥梁资料

　艺文　送章右丞戍广西　　(明)宋　讷　171/58

桂林府山水考　职方典，第1399卷 1400　第171册　(府志)

(本府临桂县附郭)曾公岩：在七星岩下，旧名冷水岩。山根石门嵌岈中有涧水东流伏于石下，深甚不可知。宋元丰中曾布帅桂，跨涧为石桥，榜今名。桥下水声泠泠，寒气侵人。桥侧有石乳双垂如垂莲蔽云卷欲下坠。度桥有石田，鳞差其中，……171/4

(兴安县)乳洞：在县西南十里，有上中下三洞……宋李邦彦名其洞：下曰喷雷，中曰驻云，上曰飞霞，且自为之记。乾道间，张孝祥大书曰上清山洞。范成大亦有诗刻洞前。有明真寺藏塔院，李邦彦又书玉谿桥三字。　171/6

(阳朔县)广福岩：在县南20里，又名罗汉洞，可坐数百人，中有楼阁堂殿，两旁石笋叠如層龛，有罗汉像。前有溪流桥，中有乳石，形如狮状，为阳朔岩洞之冠，宋邑令周大夫所开。　171/7

(义宁县)[ ]在县北70里，发源丁岭山下，顺流经桥分为二：其一入永福江，其一历铜鼓塘入渠，过凉风驿东流，並相思水入灕江。　171/8

706

171/9—12

(全州)龙岩:在州北15里,泉从中来,广如大厦,深可数百丈。……李邦彦诗:日上千岑晓风涵万壑秋;涵岩折天窍,一水泻岩幽;绝岸飞桥过,寻源乘炬游…… 171/9

桂林府关梁考 职方典第1401卷 第171册(通志、府县志合辑)

1/ 本府(临桂县附郭)的桥:阳桥、永济、宝西、甘棠、武胜、天桂、富义、飞龙、凉风、虎望、横桥(今县) 171/11—12

阳桥:在谯楼前,宋名青带,又名通济。宣和间知桂州吕源重建,至元己卯毁于火,推官唐棣复修建之。洪武间,知府朱仲才乃甃以石。迤西曰西水关,桥南曰南水关,桥东曰小桥,皆相通。

永济桥:即浮桥,在府城东江门外,明正德四年都御史陈金建,后废。清康熙五年都察院金公捐资命司道李迎春、史泰知府翁元兆重造大船48只,铁链二条,长百丈余,接东岸,可通车马,民便之。郡人包裕有记。

天桂桥:在府城东,旧名嘉熙桥。桥之东涯有石笋自平坡突起,高约三丈,大可50围,形如础柱。明正德间靖江王修,后复倾圮。清康熙20年重修易今名镌石上，有记。

2/兴安县11桥：万里、白云、朝天、马石、杜山、乳溪(全略) 171/12

万里桥：在县东北街漓江之上，明洪武八年知县哥孔达建，成化癸巳重修，复建亭其上，吴玉记。

乳溪桥：在西南15里，即富溪桥，有大涧溪水流于岩下深不可涉，元庆元间建。

3/灵川县14桥：安行、定江、互圈、杨柳、吉利(全略) 171/12

4/阳朔县14桥：双月、龙母、步月、永寿、遇龙、罗汉(全略) 171/12

双月桥：在县治前，即太平桥。宋绍兴11年县令赵俊建。明正统间县令万寿，万历十年县令秦贵俱重修。八景中有桥双月此其一也。

龙母桥：在县治洛沂桥之上旧有龙母宫。

步月桥：在县治西，桥下有石似兕牛。

遇龙桥：在县西廿里过龙堡，相传古鲁班所造，缺一角，至今屡修不全。

5/永宁州八桥：富仔、里旺、庐细、富豪(全略) 171/13

6/永福县16桥：华盖、龙手、凤阳、狮子、的桥、接新(全略) 171/13

华盖桥：在县治东，旧名狮子桥，宋淳熙四年建。

7/义宁县11桥：朝真、画桂、凤果、和丰、大钟(全略) 171/13

8/全州60桥：蟠桥、飞鸾、行春、安道、板皮、白竹、女道、寿

171/13—28

榮.文家.左能.金赏.宝克.夏凉.大善.火烧.回澜(余略) 171/13

文家桥：在二都，明嘉靖元年造，纵20余丈，横丈有五尺，覆瓦屋凡十有一间。

9/灌阳县12桥：会湘.泉水.长宁.龙川.德安.唐安(余略) 171/14

会湘桥：在县北90里，宋淳熙间伐石为墩，大水冲激，木石漂荡，虽经修治，终非久远。县令曲江龚传捐资命乡老陆衡董其事，伐石拱桥三眼，以泄水势，上覆以瓦亭12间以庇风雨。

德安桥：在县北十里，旧时砌石为岸，架木为桥，名曰登云桥。岁久倾颓，至明嘉靖间易以石拱，上有阁，高三丈余，车马可行。

√唐安桥：在县北60里，明洪武初处士唐以康同大觉寺僧异泉架木为桥，岁久颓圮，成化间乡人唐淑纪捐资倡众砌石拱三圈以泄湍急。

桂林府古迹考　职方典第1403卷　第171册　(府志)

(本府临桂县附郭)谯楼：在阳桥北大街中。 171/29

(兴安县)清风亭：在县西三里桥侧。 〃 〃

(永福县)七贤书院：按县志在锦桥里望江间。相传宋进士七人一时并登显宦，遗址尚存。 171/28

20×20=400(京文)

909

171/28—41

月山巖：按县志在锦桥里距锦墟。171/28

桂林府艺文 职方典第1405卷 第171册

篇名	作者	出处
阳桥记	(元)伯笃鲁丁	171/35
桂林诸巖洞记	(明)董传策	171/37
北流游(诗)	(宋)张栻	171/40
市桥双月(诗)	(明)陈琏	171/41
〃 〃 〃 〃 〃	(明)万霁	〃 〃
桂林风谣(诗)(二首之一)	(明)曹学佺	〃 〃
游七星巖(诗)	(明)黎禧	〃 〃

710

广西柳州府部　　171/46—50

第　　页

柳州府山川考　职方典第1407卷　第171册　(府志)

(罗城县)中寨岩：按县志在县西南山，险峭有岩口，内深不可测，岩高难跻，土人修石梯，从平地蜿蜒而上，塑三宝十殿阎君罗汉。古有雌雄二钟，击雄则雌应，击雌则雄应，土人惊异，只是雌钟，岁旱多祷雨于此，祷辄应。中有鸳鸯石。　171/46

柳州府关梁考　职方典第1408卷　第171册(通志、府、州、县志合载)

1/本府(马平县附郭)12桥：安定、柳桥、军步、大桥、五[illegible]、三江、滩罗、穿山(余略)　171/50

2/雒容县三桥：西江、高车、东江　〃〃

3/罗城县七桥：大英、上边、远江、石门(余略)　〃〃

4/柳城县四桥：富龙、古木、张公、和尚　〃〃

富龙桥：在县北70里，宋淳祐间覃文宗建。

5/怀远县二桥：怀安、茶陵　171/50

6/融县九桥：寿溪、石门、于黎、党阴、洞门(余略)　〃〃

7/来宾县　无

8/象州十桥：云锦、十里、桥头、广化、凤凰、杨柳(余略)　171/50

9/武宣县四桥：枫林、临岐、高阳、通道　171/50

10/宾州14桥：太平、大惠、行春、平政、六马、李依勒马、顶

20×20=400(京文)

711

171/50—172/7

桥四览(全略)　171/50

11/迁江县七桥：陆道、剑拔、黄墓、轴水、龙降(全略)　171/50

12/上林县15桥：鼓江、会水、万松、琴水、清趣、正统、同利、单竹、清净、石莲、桂树(全略)　171/51

○鼓江桥：在韦光族前。林邑关梁之险未有甚于韦光隘者也。危崖万仞，陡立江上，波涛澎湃，无风有声，过之者毛发皆立，其上有马祖庙，岁爽实湿，道路往来，必顿首而后过。

柳州府艺文　职方典卷1412卷　第172册

过柳州(诗)　(唐)戴叔伦　172/7

20×20=400(京文)

712

广西慶远府部　　172/14—15

第　　頁

庆远府山川考　职方典第1414卷　第172册（府志）

（本府宜山县附郭）龍泉：在城南二里，泉源出如勺，其溉田甚溥。泉上有石桥，旧名欧公桥，山谷易名曰龍溪桥。　172/14

庆远府关梁考　职方典第1414卷　第172册（府志）

1/ 本府（宜山县附郭）29桥：洗马、浴黄、澄绿、龍桥、香远、延寿、周公、异高、铜鼓、勒竹、立江（余略）　172/15

2/ 天河县六桥：大通、广源、南村、思吾、丰丰、永镇。172/15

3/ 忻城县　无

4/ 河池州9桥：東桥、古朗、冷水、红沙石（余略）　172/15

5/ 思恩县三桥：官桥、丹竹、都黎　〃　〃

6/ 荔波县五桥：地鹅、茅滩、水庆、水龍、水圃　〃　〃

7/ 東兰州一桥：霸陵桥　〃　〃

8/ 南丹州二桥：大桥、罗保桥　〃　〃

忻城土县、那地土州、永定土司、永顺正付二土司关梁通志府县志俱未载无考。

20×20=400（京文）

713

广西思恩府部　　172/38—41

思恩府山川考　职方典第1419、1420卷　第172册　（府志）

（武缘县）廖泉：在县陆斗桥西往永宁路，千户王翔所凿。172/38

（定罗土司）磨溪：自旧城司界流入境内，经傲城头转向东北，绕陇东村出境至那马土司，注于红水江。172/39

榜榜溪：自武缘县界入境，北经埙城头出于苹桥，又北出于傲城头之东与磨溪合。172/39

思恩府关梁考　职方典第1420卷　第172册　（府志）

1）本府11桥：南桥、正平、永济、公仲、清湘、陡通（余略）172/41

南桥：在府南关，石桥二空，巨石作梁，知府崔云翀建，同知骆士濬为之记。

正平桥：在府东关外，石桥二圈，袤跨两岸，同知马有用建，知府金梦麟为之记并题。

永济桥：在府南关外，明知府吕仲宽建，缙绅梁国相为之记。今年久桥被水冲毁，未曾修复。

2）武缘县40桥：罗庇、福善、观音、南渡、南济、平民、平洪、平泽、暗桥、龙凭、宁福、鲁班、北桥、鲁甘、驮料、平稳、银桥、第八、金鸡、驮重、亨桥、惠怯（余略）172/41-42

南济桥：旧名渡头桥，在县南二里靖安坊，明正德初建。嘉靖18年耆民龚英修。32年知县蒙杜

20×20=400（京文）

714

172/41—56

第　　页

初以坚珉改南济桥，有亭，郡人知府陈大纶记。

普班桥：在县東南十里。

北桥：在县北门外邑人萧茂森虞氏付。

3/西隆州桥梁见致。

4/西林县桥梁见致。

5/白山土司二桥：乔利小石桥、乔稔小石桥。 172/42

6/兴隆土司四桥：乔举、乔杨、乔挽、乔玲。 〃 〃

7/定罗土司二桥：铁索桥、蒙桥。 〃 〃

8/旧城土司四桥：司前桥：在司治東南，距司半里，腾中有深溪，以石砌筑桥，長二丈，广六尺，客民往来称便。172/42

9/下旺土司四桥：马门、古蓑、伏谌、椒墟。 172/42

10/那马土司一桥：周鹿石桥：在司治東南，距城数武。相传桥与城同时始造，阔五尺，長四倍之。城头村落之在桥東南者浮於西北，实为司中通衢。172/42

11/都阳土司一桥：那阳桥：在司治東南距司150里，年远颓塌，但存其名。今架木桥，民免病涉。172/42

思恩府古迹　南郭溪桥：南门外，双溪合流，石梁高跨，两岸竹木扶疏，三石参差於画。桥北有古榕二株，夹道盘旋，俨如门户，绿阴苍蔼，樾荫数亩，盛暑憩此，凉气飒然如秋。172/52

思恩府艺文　重建永济桥碑记　(明)梁国相 172/55

游剑溪桥(诗)　(明)傅如升 172/56

高峰歌(诗)　(明)邓佳韵 172/56

20×20=400（京文）

715

广西平乐府部　　173/3—8

第　　页

平乐府山川考　职方典第1423/1424卷　第173册　(府志)

(本府、平乐县附郭)涵清池：在儒林桥西，四时不涸。173/3

鲁般井：在东山寺。按一统志在孝槃涧西。明解缙诗：鲁巧何年凿此，银床深护土花青，下通海底双龙穴，上映天文列宿星。173/3

(昭平县)車記巖：在招贤里，巖内数十丈有石桥、石钟。173/6

平乐府关梁考　职方典第1424卷　第173册　(府志)

1/本府(平乐县附郭)26桥：大通、儒林、西马、了髻、揽胜、走马、围山、广善、长寿、马山(余略)　173/7

儒林桥：在府学西通龙池，明宣德间建。亭学凿池以潴水，号曰涵清池。

揽胜桥：在鲁班井左，即大通桥。

广善桥：在东山路，今重建。旧名寡婆桥，邑人袁景星记。

2/恭城县16桥：岩山、柳枝、上谷、下谷、倚马、竹桥(余略)173/8

3/富川县13桥：回龙、迎凤、寡婆、下流、大源(余略)173/8

4/贺县14桥：高明、朗江、照壁、驮桥、桂花、石马(余略)173/8

5/荔浦县7桥：顶门、善应、龙门、太和、滑石(余略)173/8

太和桥：在县东三里，古传鲁班所造。

20×20=400（京文）

716

173/8—27

6/修仁县五桥：莲花.接龙.马浪.老县.吕村. 173/8

7/昭平县14桥：贞凤.三连.龙传.万通.龙洑(全县) 173/8

8/永安州八桥：邓莫.攀龙.杜莫.金带.镇龙.(全县) 173/8

平乐府祠庙考　职方典第1426卷　第173册　(府志)

(本府)天妃庙　在即龙池庙,在骍宗桥右,祀龙母之神,祈雨即应 173/19

三公祠　在城南骍宗桥…… 173/17

平乐府艺文　职方典第1428卷　第173册

登瀛桥记　(明)冯时可 173/25

鲁班井(诗)　(明)解缙 173/27

元宵偕张总戎至钟山镇　(明)张祐 173/28

20×20=400(京文)

717

广西梧州府部

173/34—40

第　　页

梧州府山川考　职方典第1430卷　第173册　(府志)

(岑县)思登河：在城北五里，有桥当孔道　173/34

梧州府关梁考　职方典第1431卷　第173册　(府志)

1/本府(苍梧县附郭)11桥：云山、升腾、鰲龍洲浮桥、太平、里桥、思曲。(余略)　173/40

鰲龍洲浮桥：在城東七里水口，明万曆24年建，共浮船140隻。

2/藤县13桥：南桥、山云、流杯、岳步、一水、太和、攀桂、黄汝、黄鳌。　173/40-41

南桥：在藤江驿右，一名登俊桥，唐刘从事父老为同榜进士李尧臣建，扁书登俊。洪武间耆民李可忠等重建。嘉靖间坊人士复建，上覆以亭，停具列坐，一名新桥，天启间知县曾凤彩重修。

流杯桥：在水東七里许得真坊连理塘之地。旧志云：唐武德初有宣抚使驻舟绣江，步入慈圣寺，見池水清洁，以杯掬水，随手而失，明日游乾亨寺，其杯自涧流出，因名。又云：苏子瞻、子由曾于此宴饮。成化六年邑人傅推宗重建。元余观诗：曲水分山阴，婴渠肚漆洧，一咏見高风，四马安足取。指

20×20=400(京文)

718

173/40—41

第　　頁

通志：桥在城東绕江上，明成化间建。

3/容县九桥：景阳、思登、骆驼、西桥、新桥、三星（余略）173/41

景阳桥：在县東旧新门内，通城水会于此入江，其上有台。

4/岑溪县三桥：東門、杨柳、河断 173/41

5/怀集县22桥：永安、南巴、横岗、乘云、佛灯、狱桥、黄岁、泰来、渠桐、广仁（余略）173/41

泰来桥：在南溪。崇祯三年知县萧闵宇捐俸創建。連25船为浮桥。13年水涨桥板尽流。14年知县李楚元造25船，以铁索缆系。知县萧置蒋枝要金埇槽碓艹处田租30石，折銀三两，逐年除纳粮銀四錢五分，尚存銀二两五錢五分以为修桥之费，設桥夫二名，自三月至八月每大雨水涨，桥夫迎开桥以分其流。

6/鬱林州15桥：瑞龍、西照、寧春、鸦桥、现土、大兴（余略）173/41

7/博白县九桥：文星、太平、渭湖、飲馬、天塘、九岐（余略）173/41

太平桥：在城東一里儒学前后改化县桥。今废。

8/北流县九桥：登龍、通仙、五桂、落桑、湾肚（余略）173/41

登龍桥：在县東，初名化龍，宋时学前桥也。旧有識云：金在后，水在前，学桥連，出状元。古以竹木

20×20＝400（京文）

719

173/41—56

石梁数步一易。宋开庆元年县尹余偉始甃以石，上構亭11间，为一邑胜观。明知县陈宗文修，毁于火。监察御史邑人李弘重修，妖贼李通宝毁，知县葛进重修。天启二年復傾且圮，知县刘修已重建，易三拱為一，中構亭二座為大士香火，東西各建石牌坊一。

9/陸川县17桥：进贤、拌橙、卧龍、米埒、浪垌、木鐙、羅槽、三練、綿寨。(余略) 173/42

10/兴业县30桥：登雲、鎮水、東馬、遠塘、石兜、驼道、馬蹬、馬山、龍母、藤蔭。(余略) 173/42

登雲桥：在附郭上街，旧名街心桥，宋建炎年间造，以木架成，覆亭于上，立丛桂、錦英二坊。后傾圮，今甃石为之。

梧州府祠庙考 職方典第1433卷 第173册 (府志)

(藤县)忠烈祠：在城南山雲桥，祀李衛公。 173/51

梧州府古蹟考 職方典第1434卷 第173册 (府志)

(藤县)廢孫江镇：在今流杯桥。 173/56

流杯桥：在县治东，宋薛珹尝游此。 173/56

20×20=400（京文）

720

173/56—174/9

水月巖：在南山之麓，旁臨曲澗，山雲橋横列峯前，最為清曠幽秀。 173/56

(懷集县)永安橋：在县東门外，今圮。 173/57

(鬱林州)尋春橋：在州城中，宋郡守王過有詩。 〃 〃

安遠橋：在州南二里，北达梅关，南抵雷瓊，東通南海。 173/57

(博白县)太平橋：在县東四里。 173/57

(北流县)登龍橋：在县东南两溪水合流之下，橋上有亭。 173/57

登龍亭：在登龍橋上。 173/57

通仙亭：在通仙橋上。 〃 〃

(本府)唐吳武陵墓：在府城桂芳橋上，石刻咸通二字。 173/58

梧州府藝文　職方典第1436卷　第174冊

流杯橋(詩)	(宋)秦　觀	174/8
蒼山列障(詩)	(元)麥　徵	174/8
藤县即事(詩)	(明)解　縉	174/9
浮金橋(詩)	(明)雷　礼	〃 〃
瑞龍橋(詩)	(明)楊英敖	〃 〃

20×20=400（京文）

721

广西浔州府部　　174/14—174/28

第　　页

浔州府山川考　职方典第1437卷　第174册（府县志合载）

（贵县）谢公池：在县北城下，唐守谢雕所凿，今为井塘。沈将军修葺甚佳，上有嵯石横桥，旁有小洲，石坦如龟形，风水甚秀，可创学宫书院。174/14

浔州府关梁考　职方典第1437卷　第174册（通志）

1）本府（桂平县附郭）十桥：長庚、福禄、清平、独桥、碧滩、伏化（余略）174/15

独桥桥：离府城南60里，有独桥营。

2）平南县12桥：罗冲、大将军、新兴、绿水、官冲（余略）174/15

3）贵县17桥：登龍、渡中、板冲、七里、撒竹、石龍、牛鼻、石銀、三岁、勒头（余略）174/15

登龍桥：在县东二里。据县志在学宫后。石碑云：水从白玉環中过，人在青龍背上行。

七里桥：据县志，在县北七里。桥头有巨石方平可丈余，厚二尺许。昔传有仙人来造此桥，因鸡鸣而止。

浔州府祠庙　（贵县）三界祠：在县东门外流水桥西 174/18

浔州府艺文　怀城登眺（东井）（诗）（明）杨以锜 174/27

谢公池（诗）（明）曾光国 174/28

20×20=400（京文）

722

广西南宁府部　　174/33—38

第　　页

南宁府山川考　职方典第1441/1442卷　第174册（府县志合载）

（隆安县）羞棒山：在县南30里，高20余丈，在思龙九图龙扶村外。山上有岩，岩前有古木倏横架为桥，相传神力所设，自神农时至今不朽云。　174/33

基乌龙潭：在县东45里小那桐下基乌桥，下有潭，而小溪注之，泉水涌出，中多鲤鱼，……　174/34

（横州）天堂山：一名大王山……其山双峙，先有石桥可通……　174/35

清江：在城东十里有嘉鱼穴，其源出旺泽陂汶石塘白龙江……经石狗村合茅江有龟头地桥焉。……又东一支出交桥石井，别流入马会而南，经过马解，为名方水，有石鱼，有地桥——174/35

香稻溪：在州西一里，其源出绿衣莲花塘，经古钵山寺，产香稻，西柔海棠二桥跨焉，入郁江。174/36

南宁府关梁考　职方典第1442卷　第174册（通志府县志合）

1　本府（宣化县附郭）17桥：东平、毛子、节桥、石华、西云、涯水、中渠、喃嗟（全略）　174/38-39

2　隆安县45桥：马晓驮良、毛桥、基乌、大峻、磨阿、驮近、龙笑、桥吕、新那汉、擂西、擂楼、剥甲、桥孔、弓岳、桥王、

20×20=400（京文）

723

174/39—48

第　　页

剁桥、那琶桥埂、涂年、桥省、牡丹、香亭、余略 174/39

牡丹桥：一名鹳鹊桥，在县东南20里思能九图鹳鹊村，人涉常溺死，后方捐石建立九门桥。

3/ 横州21桥：海棠、青云、翔云、华水、文桥、石逢、西来、大通、龟头、桥冥（余略） 174/39-40

海棠桥：在城西一里，南北皆植海棠故名。桥有亭曰无咎山像。清康熙十年知州曹廷命及绅士重修，易木为石。桥通志宋时建亭三：曰海棠，曰怀古，曰醉乡，曰春色，曰坐踞。明嘉靖15年重修。

青云桥：在城南半里。明嘉靖间坊人易木以石。后坍为堤。万历13年知州林守万命典膳窦世信凿石为基以流水。崇祯二年庠生寒宸栖重修。

4/ 永淳县10桥：昌祠、富都、滑石、花桥、蒙江（余略） 174/40

5/ 上思州6桥：龙江、平田、大柏、大桃（余略） 174/40

龙江桥：在州北一里，有亭，明嘉靖15年知州陈世瞻建，36年李时芳重修。

南宁府祠庙考　职方典第1444卷　第174册　（府志）

（横州）三官庙：在城东南隅，嘉靖初废为山川坛，而以神像迁于郭青云桥头。今桥头庙地，其地为铺

20×20=400（京交）

724

174/48—175/7

居临江之码头。 174/48

应天禅寺：在宝华山半小坡上，唐敕。……相传州治前代废址，每为大堂，于府学架石桥引涧流绕殿，以桥为登。…… 174/49

南宁府古迹考　永乐大典第1444卷　第174册　（府志）

（横州）醉乡亭：在海棠桥畔有书生祝姓者家住此，宋编修秦观常过亭中，有词曰醉乡广大人间小之句。今废。 174/53

怀古亭：在海棠桥上。宋嘉定间守蔡光祖创今废。 174/53

○醉乡桥：按一统志在州内。相传仙人董奉亡后人见之于此。又南越志云：宁浦郡东南有醉乡桥。旧志云：在城西五里，今失所在。董奉字君异侯官县人。 174/53

南宁府艺文　海棠桥记　（宋）刘受祖　175/2

方水桥记　（明）郑　昭　〃　〃

海棠祠记　（明）吴时来　175/3

海棠祠（诗）　（明）黄　裳　175/7

海棠春（海棠桥春晓）（词）　（宋）秦　观　175/7

醉乡春（题海棠桥祝生家）（词）　〃　〃　〃　〃

725

广西太平府部　　　　　　　　175/13

第　　　　　　頁

太平府关梁考　职方典第1447卷　第175册　（通志）

1/本府二桥：迎晖桥、崩坎桥。　175/13

2/左州关梁无考。

3/养利州六桥：永济、迎恩、鉴江、潞愿、那岜、同仁。　175/13

永济桥：在城外，西通龙英安平等州。前知州罗黔造，后知州曾贵重修。有诗云：万里晴光横蝃蝀，一江云影动鼋鼍。功成楚王非鞭石，诗重指金为代柯。彤管未题仙井柱，续烟先奏渭桥歌。临流酌酒思元凯，犹忆前朝宠眷多。

4/永康州关梁无考。

5/太平州二桥：大典桥、南平桥。　175/13

6/安平州无桥梁。

7/茗盈州无桥梁。

8/结安州关梁无考。

9/全茗州二桥：泓鲤桥、香奥桥。　175/13

10/佶伦州无桥梁。

11/龙英州一桥：通利桥。　175/13

12/都结州无桥梁。

13/崇善县关梁无考。

14/罗阳县关梁无考。

15/万承州关梁无考。

20×20=400（京文）

-726

175/19—20

太平府古迹考　职方典第1448卷　第175册　(通志)

(左州)金山雨霁：左州治西北里许平地突出二石，壁立数仞……知州邓倖静始辟一洞天，镌金山字于岩之阴，构亭于上，又砌石通路以便登眺，缘铁梯入石门，乃达亭所…… 175/19

榜江涟漪：在州前，发源自陀陵三清山，会诸水，流经龙光二村，环绕州治西南，直逐源急趋西北，又南流入于江，左州步藉为利，所经诸村稻田皆蒙灌溉。 175/19

太平府艺文　职方典第1448卷　第175册

永济桥(诗)　(明)曾贯　175/20

20×20=400（京文）

727

广西思明府部 175/23—28

第　　　　页

思明府关梁考　职方典第1449卷　第175册　(府志)

1/本府二桥：广德桥、永昌桥。 175/23

2/忠州一桥：三索桥。 " "

3/思明州三桥：那绵驮、稔驮、怄。 " "

4/凭祥州　无桥

广西镇安府部

镇安府关梁考　职方典第1450卷　第175册　(府志)

1/本府四桥：马桥、九桥、滗色桥、砚桥。 175/27

2/奉议州　无考

镇安府古迹考　职方典第1450卷　第175册　(明一统志)

(本府)南宁桥：在府城南。 175/28

积福桥、接送桥：俱在府城北。 " "

20×20=400（京文）

728

广西泗城府部　　175/32—33

泗城府山川考　职方典第1451卷　第175册　（府志）

（都康州）拳佛山：在州治西六里山脚，即联仙桥。175/32

枯困岭：在州西午坊，距州六里，距仙桥一里，与上映分界。175/32

仙桥水：在州西界，连上映，桥右有洋田，浮清泥潭水涌，仰出，穿过仙桥，曲绕州前。旁有吞滩，伏底二潭水汇注全茗而归龙英。175/32

伏底水：在州内，出自山穴，流过恒近桥下，并归仙桥溪水。175/32

泗城府关梁考　职方典第1451卷　第175册　（府志）

1/本府五桥：官桥、接龙、锁龙、汾州、瓦村。175/32

2/果化州五桥：街桥、伏趾、伏湾、那良、陇母。175/32

3/恩城州　无桥。

4/田州一桥：驮马桥，在西门外，离州一里，广四尺，石砌。175/33

5/归顺州一桥：湃折桥。〃

6/向武州二桥：

旧州桥：距州50里，石砌二拱，广六尺，长二尺。

扎鱼桥：在乃甲内，距州五里，石砌一拱，广六尺，长一丈二尺。

175/33—36

第 七 页

7/都康州七桥：左横、右横、劉孔、永乞、五里、恒近、仙桥。 175/33

仙桥：在州治西六里，華佛山枯㘡嶺下，两山对峙，山脚相联，中断一堤，溪流成川，上有石板，横覆平铺，天生一桥，阔二丈，长三倍之，相傳古有仙遊于此，因名。

8/龍州二桥：通津桥、枕流桥。 175/33

泗城府古蹟考　职方典第1452卷　第175册　（府志）

（本府）丰乐桥：在州治南。 175/36

（田州）广济桥：在州城東十里。 〃 〃

保合桥：在上林县治北。 〃 〃

20×20=400（京文）

730

雲南总部　　　　175/54—176/6

第　　页

雲南总部艺文　职方典第1455/1456卷　第175/176册

滇南纪胜书　　(明)顾养谦　175/54

滇海曲(十之五)(诗)　　(明)杨慎　176/3

雲南总部纪事　职方典第1456卷　第176册

(通志)段素兴宋庆历中嗣位，性好狎游，广营宫室，于春登堤上多种黄花，名绕道金棱；雲津桥上多种白花，名萦城银棱……后以荒佚失国。　176/5

雲南总部杂录　职方典第1456卷　第176册

(通志)当洱水初泄时，林薮蔽翳，人兽杂往，有二鹤日从河岸行，人尾其迹，始得平地，故大理又名鹤拓。今南诏作双鹤，示不忘也。　176/6

雲南总部外编　职方典第1456卷　第176册

(通志)大理古初国属天竺，水居陆之半，为罗刹所据，好啖人……僧乃凿河尾泄水之半，是为天生桥。至今洱水岛上有款文如古篆籀，云是买地券。　176/6

20×20=400(京文)

931

云南云南府部　　　　176/10—176/15

第　　页

云南府山川考　职方典第1457卷　第176册（通志府志合并）

（本府、昆明县附郭）龙潭：在城西20里，旧名白龙泉，……有龙潭石屋……石香桥……诸胜。176/10

（呈贡县）马料河：在县北五里，源从板桥入於昆明池。县北一带赖其灌溉。176/11

（禄丰县）星宿江：在县河清门外，发源武定，至县则汇大旧洋，达元江，注交趾入海，造有星宿桥。176/13

东河：在县北里许，发源罗次，至县接星宿河，造有飞虹桥。176/13

南河：在县南十里，係山涧之水，接入大河，造有昭明桥。176/13

云南府关梁考　职方典第1458卷　第176册　（通志）

1) 本府（昆明县附郭）25桥：傅润、南新、中三、通济、云津、地藏、吴井、老鸦、彻流、永清、辘轳桥（全是）176/15

① 通济桥：在云津桥西，水即盘龙江之支流，达滇水，流入于市，向不可渡，因造之桥。梁王使杀段平章于此。今水涸而桥存。

② 云津桥：在府治东二里许，当通衢，水出盘龙江，流经商山下，过郡城入滇池，所谓萤城银稜河

20×20=400（京文）

732

176/15—16

者是也。桥旧名大德，毁于兵。明洪武癸酉西平侯沐春重修，其东西表以绰楔。

2/ 富民县八桥：永定、高桥、大营、登仙、普北（全名）176/15

永定桥：在县南数十步。舆梁跨河高可数丈，上覆瓦屋20楹，旁有窗壁，远望如空中楼阁。旧中贸迁者来集其内，旧称天河桥。

3/ 宜良县12桥：通衢、萧官、安正、清远、青云、南家（全名）176/15

4/ 嵩明州16桥：彩虹、龙纳、龙保、龙关、夹纳、对龙、游相、杨高渠、丁官渠、兔街渠（全名） 176/15

5/ 晋宁州九桥：宁静、凤凰、长坡、四通、大桥（全名）176/15—16

6/ 呈贡县11桥：龙市、兴济、通利、吴龙、大通、安江（全名）176/16

7/ 安宁州13桥：永安、通济、醉春、昌应、沙河、光裕、寿昌、拾择（全名） 176/16

永安桥：旧名东桥，在州东门外，螳螂川经其下。明弘治间巡按谢诰重修，提学佥事欧阳旦有记。

8/ 罗次县12桥：顺宁、鹿鸣、双贵、普雨、永顺（全名）176/16

鹿鸣桥：在县东南鹿角村。知县何倩架以木，覆以瓦，久而倾圮。康熙38年士民王辅卿捐资重修，易为石桥。盖明时邑弟子员赵公卓而长金卿儒饯于此，故以鹿鸣名也。

20×20＝400（京文）

733

176/16

第　页

9/禄丰县5桥：双济、砥明、星宿、宝泉、彩虹： 176/16

双济桥：在县北隅路通武定黑井，河水骤发，商旅难行。康熙50年，邑监生唐玲李宗造石桥二座，既获利涉，又藉灌田数亩之。

星宿桥：在县西门外，一名永丰。明万历43年巡按吴应琦檄县修造。清康熙49年水涨冲塌二洞，本总督范承勋、抚院王继文檄行道府捐修，实为通衢之利。

宝泉桥：在县北十里，明嘉靖间造。下有汤泉，土人相传浴之可疗风疾。其上常有云雾盘旋，光腾五色。

彩虹桥：在县北三里许，为黑琅二井要津。明天启间王锡衮造石桥三洞，年久倾圯，邑绅王德冀重修。清康熙11年水发冲塌，盐道郭廷弼捐金并合各井协助易造木桥，上覆以屋。

10/昆阳州14桥：庆公、升龙、龙泉、石龙、长虹、资利、响水、天生、石梘、巨桥（余略） 176/16

庆公桥：在州南三里，明万历间署印知州庆元愷造。

11/易门县九桥：接近、易江、易川、普川、永靖（余略）176/16

20×20=400（京文）

734

176/16—49

第　　頁

易江桥：在县东15里，地名江渠，此桥坊名题

曰彩虹普渡。

云南府祠庙考　职方典第1464卷　第176册（通志、州县志合）

（本府）中岳庙：在云津桥南。176/43

祠山庙：在云津桥北岸。汉张公溯云凿江以

通水利，郡人德之为立祠。176/43

（嵩明州）邑厉坛：在城东丹凤桥外。176/43

（本府）普海庵：在城南土桥外。176/44

觉照寺：在土桥内，俗名大乘寺。〃〃

万寿宫：在太平桥左，一名豫章会馆。〃〃

中和宫：在城南土桥外。176/45

寿佛寺：在太平桥下，康熙31年建。〃〃

（富民县）玉皇阁：在县南永定桥，明嘉靖间建，万历间修。176/45

（昆阳州）徵元阁：在州北迎恩桥外，原名镇水阁，明

嘉靖间建，崇祯时废。康熙30年知州翁廷铨重修，易今名。176/46

云南府古迹考　职方典第1465卷　第176册（通志、府州县志）

（本府）梁王城：在城外老雀桥归化寺侧，昔有人

发之得古匣一。176/49

20×20=400（京文）

735

176/49—55

第　页

清风亭：在按察司提学宅后，礼部尚书姜轩为提学佥事时所建，有清风亭桥。　176/49

(晋宁州)凤凰池：在州西北凤凰桥畔，昔闻有凤饮此，故名。凤凰———　176/50

(禄丰县)西河桥仙迹：一名化泥河，俗呼翻泥河，距县25里，当滇黔之冲，水势汹湧，行者不敢涉，将谋造桥，难立基础。但有仙踪履指示方向，依迹乃成，名宝泉桥，仅石二层，犹结坚固，年久不塌，乃黑琅两井必由之道也。　176/50

云南府艺文　职方典，第1466卷　第176册

泛舟昆明池历太华诸峰记	(明)王士性	176/65
游太华(诗)	(明)杨慎	〃 〃
九日登新府眉山邀游诸僚同赋(诗)	(明)李澄中	〃 〃
新楼次韵(诗)	(明)孙继芳	〃 〃

20×20=400（京文）

736

云南大理府部　　177/4—5

大理府关梁考　职方典第1467卷　第177册　(通志)

1/本府(太和县附郭)23桥：双鹤、安国、阳和、雀背、清风、子河、龙关、宣化、屏峰、洛阳、清桥、牧牛、龙岷(全略)　177/4—5

○双雀桥：在府南门外，跨绿玉溪。按明一统志，桥柱立二铜雀。

安国桥：跨龙溪。明成化间知府李迪造，后圮。弘治间知府马征然重造，复圮。万历丁丑分巡王希元重造。

○清风桥：一名黑龙桥，长15丈。明正统间知府贾铨守备郑俊同造。分水为五道，郡治桥梁，此为第一。

宣化桥：跨排溪。旧桥屡坏，明弘治十年通判刘杰创造，又作一丈浮桥翊之。

2/赵州七桥：永安、曹溪、南华、水碓、天津　177/5

3/云南县五桥：倚江、赤水、大小板桥、孔全。　177/5

孔全桥：义士孔全所造，构木跨水长十丈许。

4/邓川州七桥：德源、青宗鼻、银桥、龙桥、三道、进宝、新桥。　177/5

德源石桥：在州北。按明通志，在州北十里，三孔行水。天顺间舍人王綱善众造。

青宗鼻石桥：在州东20里巡检司左。按明通

20×20=400（京文）　　737

177/5—11

第　　页

志成化23年舍人胡泉造。

三道桥：在州东。桥明通衣中三空，左右二座各一空。天顺间太监人蒋庆造，弘治16年杜文忠等重修。

5/ 浪穹县七桥：通寨、分水、汇川、南江、猿江（全略）177/5

6/ 宾川州五桥：南薰、吴公、石门、通江、桑园。 177/5

吴公桥：在州西二里，明嘉靖间知府吴仲善造，知州倪佐、知州朱官相继重修。

7/ 云龙州一桥：云龙桥，明嘉靖七年造。 177/5

8/ 北胜州十桥：来薰、长安、太平、观澜、碧溪、大河（全略）177/5

大理府古迹考　职方典第1469卷　第177册　（通志）

（本府）南诏城遗址：凡七，一在河尾里，一在关邑里，一在太和村，一在此图，一在蟠溪里，一在塔桥，一在摩用，皆为南诏蒙氏所设。 177/11

○天桥：在城西南35里。俗谓观音凿石以泄洱水，下断上连，石梁跨之，雨岩激水溅珠宛如梅绽，人呼为石谢桥。 177/11

（邓川）仙桥：在白岩山西山。南诏时有杜光庭者，即岩栖寺，上有独木桥，其木异常，每月十五夜桥木

20×20=400（京文）

738

177/11—18

第　　页

自换。又有寺树名菩提树，一名思维树。 177/11

大理府艺文　联方典第1469卷　第177册

大理行记	(元)郭松年	177/13
游点苍山记	(明)杨慎	177/14
游鸡足山记	(明)谢东山	177/15
石门山记	(明)李元阳	177/17
白崖毕钵罗窟志	(明)李元阳	177/18
写韵楼歌(诗)	(明)吴懋	177/19

20×20=400（京文）

359.

云南临安府部　　177/23—27

第　　页

临安府山川考　职方典第1471卷　第177册　（通志）

（本府、通水州附郭）石岩山：在城东50里，有岩洞三，又称阁洞，廷宇阁阅所开也。一曰水云，……合水岩，架桥列炬而入，旋绕回合几20里，——177/23

岩洞：在城东20里……山行里许，名曰中洞，深达洋涵，结桥而渡，列炬而入……177/23

万象洞：……隨磴俯下度石梁，借火光而入，千态万状，愈探愈奇。177/23

曲江：在城东北90里，源出新兴，由嶍峨经河西入盘江。夏秋多雨行者病涉，据州志，旧于江尾建桥，绕径十里。177/23

北溪河：源出小关山，过石桥，会于泸水，俗呼窑溪。177/23

赛公桥河：由冷水沟南庄出赛公桥中所营至马军营，归岩洞。177/23

青云桥河：据通水县志，此为清水，由马家冲出青云桥至中所营与南庄河合流……177/28

（蒙自县）长桥海：在县西北20里，桥长40余丈，四面皆水。177/27

临安府关梁考　职方典第1472卷　第177册　（通志）

20×20=400（京文）

740

177/30

第　　页

1/ 本府（建水州附郭）23桥：曲江、香木、三公、泸江、天生、白鹤、会春、十架、飞虹、赛公、清流、浣衣、玉虹、三河、登龙、锁龙、张家木桥。（从略） 177/29—30

曲江桥：在城东北百里。长30丈，系木桥。明天顺间建。万历32年僧如净与张国相募缘兴工，乡绅都御史王恩民倡首创石桥。巡按御史沈正隆、兵备佥事龚云致各捐资重修。

泸江桥：在城南一里，明宣德间建，跨泸江。正德中义民王镐并重修，后圮。万历初乡民沈崇儒甃以石，覆以屋。

天生桥：在城南婆罗寨嘴，有石跨流，自然成桥。

飞虹桥：在城东15里跨中溪，明正统间建。据建水州志，康熙37年堤决冲没，寿宦陈光绪同郡绅士捐建石桥，上覆以阁，非但利涉，亦以固河堤也。

玉虹桥：在城东十里，长四丈，广半之，明宣德间建。

三河桥：在玉虹桥南，三河分流，二桥相望，明正统间建。

张家木桥：在曲江沙坝，为塘站通道。江水深阔，人苦褰涉，张国相之祖深造木桥以济。但夏秋每苦漂没，深置腴田一区永作桥费，数百年来，行人利之。

20×20=400（京文）

741

177/30

第　　頁

2/石屏州七桥：修衢、颜公、化龙、福森、矣落（余略）177/30

矣落桥：在城西80里，跨矣落河，明天顺间建。

3/阿迷州13桥：小桥、新桥、通安、古城、香木、南桥、义桥、泰安（余略）177/30

新桥：在城东北，离城五里，石梁三空，以济东河，广二丈，长十余丈。

○香木桥：在治南一里，石梁一大空，以防群山泽水。相传有水怪藏山岩中，遇雷雨水涨间出为患，辄衔坏。桥梁空处乃为龙头二尺许，下衔巨铃，风摇声铮铮然，以镇之，兵乱时铃为窃去。

南桥：在治南，离城五里，即永泉桥，下石上木，三空，广一丈，长八尺余，以济泽河，明知州方建盛建。

✓义桥：在治西，离城80里，木梁，广一丈八尺，僧人募缘修建。

4/宁州12桥：卢公、赛虹、恩永、观音、广嗣、黄澄、赛公、（余略）177/30

5/通海县八桥：永济、尼郎、谭刹、秀江、登瀛（余略）177/30

登瀛桥：在秀山半，名曰仙桥。

6/河西县六桥：镇龙、永济、阳关、碌硪、接龙、小街子。177/30

小街子桥：在治东15里小街子，旧桥甚巨，向为官衢所设，今西徙，犹存其制。

20×20=400（京文）

942

177/30—59

第　　页

7/ 增义县五桥：清川、缥江、通济、桂华、龙江。 177/30

8/ 霑益县六桥：永安、长桥、宜民、倘甸、兴化乡、艾家 177/30

永安桥：在城西门外，明万历间巡检郭应龙建。

长桥：在城北20里，长十丈，明天顺二年土官梯刚建。

倘甸桥：在城北90里，明天顺三年建，今名万里桥。

9/ 新平县七桥：永宁、回龙、彩凤、七曲、安甸、（全名） 177/30

临安府祠庙　地方典第1475卷　第177册　（通、州、县志合）

（通海县）三元宫：△在秀山登瀛桥下，补山之凹也。 177/44

临安府古迹　地方典第1476卷　第177册　（通、州、县志合）

（阿迷州）杨广城遗址：△有三：一在通济桥前，一在坪铺，一在石头寨田间。宋狄青将杨文广追侬智高于此。 177/47

临安府艺文　地方典第1477/1478卷　第177册

游云涧津记　（明）杨师孔　177/52

严洞（诗）　（明）吴鹏　177/58

天生桥晚涨（诗）　（明）毛堪　〃〃

天生桥（诗）　（明）吴懋　177/59

20×20＝400（京文）

743

云南楚雄府部　　178/3—6

第　　页

楚雄府山川考　职方典第1479卷　第178册　(通志)

(广通县)清风河：在县东三里，发源楚青关达枯木西，今建桥其上。按县志：桥石隙中生树一株，其花叶似杏似梅，名梅杏，邑人异之。　178/3

(镇南州)丹桂泉：在州东五里路有黑泥桥。　178/3

楚雄府关梁考　职方典第1480卷　第178册　(府县志合)

1/本府(楚雄县附郭)16桥：青龙、延寿、凌虚、霸桥、济生、济川、吕仙、仁永、济渡、中渡(余略)　178/6

济川桥：在吕合。按明通志：在府治西40里吕合巡检司前。先是架木为桥，成化22年知府邵敏易木以石，长十丈，广二丈，上有扶栏。

济渡桥：在凌虚街腰站处，向无桥梁，人以船渡，水涨屡有不测之虞。知府张嘉颖捐资起建石桥。土县丞杨世勋董其事，工程浩大，赞襄之力居多。

2/定远县18桥：拱极、会基、天神、五马、永盛、玉带、玉成、永定(余略)　178/6

五马桥：在黑井提举司中街，为行旅要地。然涛汹涌，下筑石基三洞，高二丈，历久将圮，康熙九年提举朱滚重修。按通志：桥东钦赐曰南浦为实，

20×20=400(京文)　　744

第　　页　　　　178/6

桥西数通回烟溪叠翠。

玉带桥：在河尾。按通志，明万历间井人杨永濂倡众建。清康熙己酉年生员施浦、侯仲斌等重修。

永定桥：在城南20里，为府城诸处必由之道，因河水泛涨，不时淹没。康熙41年知县张彦绅捐资率绅士里民采石烧灰鸠工重建。

3）广通县十桥：崇七、黑苴、安乐、响水、罗缨、明月、（余略）178/6

明月桥：在县西半里，明成化年土官故镒妻杨氏建有碑。

4）定边县5桥：普利、永济、平彝、德胜、永堂。178/6

普利桥：在县治内。按明通志，桥甚高广，一县壮观。

德胜桥：在县北十里，明初西平侯征南至县，刀斯郎伏兵于此。侯偕武侯所建。大水久冲，桥址犹存。

5）南安州13桥：天心、擢秀、新石、安楫、弘济、江桥、西龙、三麻、紫、鱼装、（余略）178/6

安楫桥：在州东南40里，往法睒撒白路。河管流急，架木不坚。康熙47年知州张伦至，捐资率士民砌以石，以利永久，改名曰永安。

弘济桥：在州西南200里，係通石羊厂，民皆病涉，康熙46年知府卢询、知州张伦至，捐资率罗镕

20×20=400（京文）　　745

178/6—25

第＿＿＿＿页

铁索联络木石建之。

江桥：在石羊厂下，水流汹涌，舟楫多虞。康熙44年武生滕凯捐基地，昆明吴宗周率厂民捐建。48年知州彼伦已，捐资率众首阁民修。

6/镇南州17桥：里泥、应祠、丰成、瑞应、镇川、白塔、揽秀、天心、长坡、三元、鼠街、苴力。（余略）　178/6—7

应祠桥：在州东南一里。明万历庚戌年，常廷佐因祈祠而建，果应。

瑞应桥：在州西五里，即平彝桥。明万历年知州周国庠建。桥通志即丹桂桥，通迤西八府。

镇川桥：在州东南二里。康熙39年，土州同段光赞新建。桥右建观音阁，以培一州风脉，知州陈元为记勒石。

楚雄府古迹考　联方典第1483卷　第178册　（通志）

（镇南州）平桥烟雨：州治西六里，一壁断岸，千顷平畴，桥跨清澜，李短弱柳，行人每憩于此。　178/20

楚雄府艺文　垂柳篇（诗）　（明）杨慎　178/25

晓晴登吕阁驿楼（诗）　〃 〃　〃 〃

和垂柳篇（诗）　（明）徐中行　〃 〃

平山暮雨（诗）　（明）邵　敏　〃 〃

20×20＝400（京文）

746

雲南澂江府部　　178/28—29

第　　页

澂江府山川考　職方典第1485/1486卷　第178册　（通志）

（路南州）日角溪：在旧县西北八里，一名芭蕉河，源出觉卜山下，伏流至天生桥复出成溪。178/28

（河阳县志）玗扎溪：在城北20里，自宝梨山东群谷发源，流经玗扎山下，东折而南至青云桥，受东谷、莊镜、北坡诸水，直入抚仙湖。景谓玗溪春绿即此。178/29

七江溪：在城东40里七江村，穿两山间，流入铁池河，搭木为桥，名曰借虹，日久倾圮。明弘治间，知府安康易石桥，水逆衝决。嘉靖间郡人罗廷之重葺，未能久远，屡遭水害。至清通判王猷远率士庶创造铁索桥，未几，大水逆翻衝没，村民募化修造，随成随圮，至今不能告成。俗传下有蛟为害，今惟搭铺木板，以济往来。

北坡泉：在华藏寺下，……泉左建亭，古曰一镜，曰天泉，今曰涵碧，曰清赏。……清康熙43年，知县罗枝吉重修其亭，亭后建碑亭三楹，渡以木桥，围以朱栏，清幽閒静，迥然超出尘表。178/29

東大河：原名玗扎溪，自宝梨山群谷发源者，旧志经玗扎山下出青云桥，入抚仙湖……178/29

西大河：旧名罗藏溪，自罗藏山发源……

20×20=400（京文）

747.

178/29—31

第　　　页

由龍青庙下東折至瓦窑村太平桥，出四均桥、马房村入于湖…… 178/29

（新安州志）九龍池：在青梨山麓。池聚九泉，分灌赤壤，一名青梨溪。岩石间潺潺流出，聚为三泓，清可鉴发。南流至陈家屯，会两河水折而东入安流桥，出通济桥合大溪。 178/30

（路南州志）文笔山：在板桥西南文昌宫，右峙州治，巴江之水绕其下，出竹子山，文笔锁之。 178/30

天生桥山：离城十里，生成石桥，故名天生桥。上复平地，下则悬玲垂笋，百丈蟠回…… 178/30

（阳宗县志）九岐山：在县南20里。左倚罗藏，前面竹子，诸峰峙凡八面，此山居中。每峡出泉，会流而东，经九村，过借虹桥入铁池河。 178/30

陇上冲河：在县西北12里。其源出陇上冲山间，经通衢桥，流入明湖屯田，尽灌溉。 178/31

（本府.河阳县附郭）太平闸：在府治太平桥下，知府徐可久建，疏渠王衙一带溪水入新河。 178/31

澂江府关梁考　职方典　第1456卷　第178册　（通志）

1/本府（河阳县附郭）25桥：青云、南津、太平、西城、河生、

178/32

第　　　　页

三岔、得胜、移耕、介堂、远达、澂王、长虹、俯波、漫坡（今名）178/32

四均桥：在府庠官营东墙内。通往此，适均故名。

介堂桥：在大、小二军堂间故名。

俯波桥：据县志，在城西南25里鸳桥村红坡，登桥俯瞰抚仙湖故名。邑民李文高造。

2/江川县四桥：迎恩、海门、石桥、通衢。178/32

海门桥：在县东南八里，为路南要路，通星云湖水入抚仙湖，登舟始此。明天顺王本造。中央有界鱼石焉，澂江、江川共鱼二种，以石为界，不能越江，越则相斗，兆兵象。

3/新兴州一桥：玉溪桥。178/32

4/路南州八桥：弘济、会通、天生、赛虹、三板。178/32

天生桥：有二：一在州北50里，一在州东北12里。二桥天成，不假人力，故名。

通志未载桥梁

河阳县志15桥：都市、锁水、丹宫、联玉、海晏、平政、云英、安流、新德、东林、引凤、高涧（今名）178/32-33

丹宫桥：在凤翔寺山门内。明李宾与钱士于此，故名。

安流桥：在州西北五里左家屯，跨黎溪，西行

20×20=400（京文）

749

178/32—43

第　　页

合流过此。知州参瑶重修，改名腾蛟桥。

引凤桥：在城东北隅接凤山脉，因凿城池，断为两岸。康熙22年举民李缵甲募化官绅士庶甃此石桥，引水渡岸，可润田亩，并入东南城内濠湾，周围咸称便利焉。

178/33

新兴州18桥：中板、下石、彩虹、康乐、丰乐、磐安、西平（余略）

中板桥：据州志在州西关，去会通桥三百余步，分大溪河为金汁中流。

下石桥：在州西关外，去中板桥四百余步，上近魁阁，分大溪河为金汁下流。

路南州四桥：兴宁、方春、青云、水月。 178/33

澂江府祠庙考　职方典第1488卷　第178册（通志）

（新兴州）准提阁：在玉溪桥，当跌龍处。 178/42

大士庵：在玉溪桥，当跌龍处，知州耿文明重修。

石虹庵：在玉溪桥，当跌龍处。

澂江府古迹考　职方典第1488卷　第178册（通志）

（本府）玗溪春绿：由青云桥直达仙湖，一带花堤，两岸垂柳依依，春来拖绿染翠，烟笼风摆，系马维舟，

20×20=400（京文）

750

178/43—48

第　　页

悠然胜赏。昔人有流水夕阳飞白鸟，长堤春晓啭黄鹂之句。　178/43

(江川县)玉涧长虹：在州北五里，横跨玉溪，高挂长虹，涧飞白雪，水卧青龙。旁有石虹庵为州人送迎之地。　178/43

(路南州)天生桥：有二：一在州北15里，一在民和乡。178/44

澂江府藝文·联方典书1489卷　第178册

天生桥晚渡(诗)　(明)毛谌　178/48

玉溪桥(诗)　(明)雷跃龙　178/48

玉涧长虹(诗)　(明)王佐命　〃 〃

20×20=400（京文）

751

云南景东府部　　178/50—52

景东府关梁考　职方典第1490卷　第178册　（通志）

景东府11桥：通化、马官、新桥、平川、孔雀、南川、清凉、大河、水寨、新站、澜津。　178/50

◎澜津桥：西岸峭壁竦立，仰插霄汉，俯映沧江，无异急峡，嶻嵲危巢，信奇观也。以铁索南北为桥，相传汉明帝时造，永乐间重修。

云南广南府部

广南府关梁考　职方典第1490卷　第178册　（通志）

广南府二桥：西安、通津。　178/52

西安桥：在府西三里，旧架木桥，明万历间土舍侬应祖易以石。

20×20=400（京文）

752

云南广西府部　　178/55—59

第　　页

广西府关梁考　联方典第1491卷　第178册　（通志）

1/本府11桥：[illegible]普、瑞翠、万清、古双、竜甸、金马、撒普、高桥、禄冝、老鸦、矣各、　178/55

瑞翠桥：在府城西一里。明弘治初建，万历38年知府张光宇重修。高六丈，阔四丈，长十丈，筑土50余丈，上有瑞翠坊。

△万清桥：在城南一里，为东南通衢。明万历42年知府萧以裕修建，长广高阔与瑞桥同，上有观音阁。

金马桥：在城西15里，往陆凉大路。当溪流涨漫，桥多淹没。康熙九年知府万裕祚择高阜之处再架木桥。

2/师宗州12桥：漾月、五马、禄生、花凤、大[illegible]、双凤、蛙潭、洪济、（余略）　178/55

3/弥勒州12桥：玉津、李母、高桥、龍潭、富春、十月、[illegible]、三里、郭竜、阿当、　178/55—56

玉津桥：在州[illegible]，長五丈，阔七尺，跨小甸溪上流。

广西府祠庙考　联方典第1492卷　第178册　通州志合

（弥勒州）观音阁　在城南万清桥。　178/59

20×20＝400（京文）

753

云南顺宁府部

第　　頁

顺宁府山川考　职方典第1493卷　第179册（通.府.州志合）

（本府）阿鲁山：在城西南180里，林深谷奥，下临绝涧，以藤为桥。179/1

（云州）挨罗箐：在州北100里，自猛郎永镇桥起至林后哨止约三四十里，两山高夹，溪水乱流，路通一线，泥泞险峭，雨雾昏然……179/1

顺宁府关梁考　职方典第1493卷　第179册　通志

1/本府28桥：迎恩、衢亨、行春、右甸、枯柯、锡铅、猛矿、归化、大桥、孟泥、克麻、来宾、磨起、天顺、攸往、瑞虹、（余略）179/2

迎恩桥：去府二里，在东门外，永昌路经之。知府王政重修，挽以铁索，甚坚固。

枯柯大桥：去府250里，明知府李忠臣建，挽以铁索，巨木为梁，上覆瓦屋。水出毒，岸有岚热之，蒸人如釜如甑，利在速行，非桥不可。康熙四年知府米瑛重建。

锡铅桥：去府北80里，明崇祯17年知府曾瑞来建木桥覆屋，叠石为墩，坚固可久矣。

大桥：去府北160里，又名猛家桥，路通蒙化。明末知府曹異之捐俸建。

20×20=400（京文）　　754

第　　页

来宾桥：在府北180里牛街驿漾濞江上，通蒙化，其渡最险，明末焚毁。

2/云州15桥：长安、广德、新惠、富春、小藤石桥、镇水（锡） 179/2

广德桥：在州南十里。贡生刘钦、徽州民张文申、卢应祥、偕默契共造。年久倾塌，州民杨芳宇重修。

新惠桥：在州之南12里旧城之右，合州绅衿耆庶汉彝人等同修。于康熙53年大水冲坏，今改为铁索桥。

富春桥：在州之东五里，先年建修三次石果，清康熙丙申年，永北府程署理顺宁并摄云州，捐谷40石，给公银30两，委贡生李恭、孔忠等鸠工督役，募化银钱，于本年五月中告成。桥锁顺甸二水，关一州风脉，两岸头高擎水中，其桥既长且阔，乃云阳第一桥也。

石桥：出蒙化路，计六座，俱知州张鹤塘捐俸修建。

顺宁府古迹考　（云州）溪虹渡寨：州南十里许为旧城……今又造铁索桥，于旧城为存羡也。179/7

顺宁府艺文考　职方典第1494卷　第179册

浮桥（诗）　　（明）杨　慎　　179/8

渡某洞歌诗）　（明）董　难

20×20=400（京文）

755

云南曲靖府部

第　　页

曲靖府山川考　职方典第1495卷　第179册　（通志）

（寻甸州）吴郡马泉：在州东由丹凤山发源，出七星桥分二派入州东归江。　179/11

通志未载山川

（马龙州）九股龙潭：在州西50里……旁有河水，出州境大山村山涧，经流潭边，西向至左所屯，出下板桥，至中和山，会马龙之水入寻甸州七星桥，合巨津矣。　179/11

潇湘河：即南门外观音桥下河也。　〃〃

（寻甸州）排鼓洞：在州东北30里，自七星桥大河顺流而下近仅半里，其洞中深宽约二丈，高一丈三尺许，有石笋琳琅，兽蹄鸟迹。　179/11

曲靖府关梁考　职方典第1495卷　第179册　（通志）

本府（南宁县附郭）35桥：澄清、鸣凤、飞虹、驾虹、胜常、响水、高桥、石喇、迎恩、朝阳、砥道、遗虹桥、吴六、棵猡（李堡）　179/13

澄清桥：有三：上桥在府治西九里，中桥在府治东南七里，下桥在府治西北三岔驿，俱明弘治17年建。

20×20=400（京文）

756

迎恩桥：在府城北双沼之间，桥下有闸，明洪武初建。

朝阳桥：在府城东北25里，长十余丈，宽三丈，明万历甲午知府高公万吾衡经历黄子敬修。

砥道连虹桥：在府城北18里，地名小路口。夏秋水涨，河岸冲决，淹没军民田庐，行旅甚苦。明万历庚子经历李廷捐资督众筑堤一截，约长400丈，建石桥三座以泄水势，行者称便。

2/ 霑益州28桥：太平、石龙、堡子、马龙、水西、衍硐山桥、可渡、镇彝、东徵、周家。（余略） 179/13

太平桥：在州东门外，长二丈，阔一丈，堤岸溪水流其下。

石龙桥：在州东半里河东大路，砌以石，水洞三。

可渡桥：在州北120里，跨可渡河，甚险，康熙28年总督范承勋、巡抚王继文同建。

镇彝桥：在卫城南，长三十余丈，今砌石。

周家桥：在卫城南七里，其桥11，得越州卫老军周世春捐资建，往来便之。

3/ 陆凉州四桥：土桥、南桥、半桥、板桥。 179/13

4/ 罗平州六桥：龙见、鲁圻河、连岩、块泽、天生、永平。179/13

块泽桥：因两山壁立，下流溥水夹岸之间，砌

20×20=400（京文）

757

第　　页

石墩木梁笃两渡。

5/马龙州16桥：昌隆.下板.高桥.双桥.石岑铺.遇顺. 179/13（又见）

石岑铺桥：有三，明万历间，千户田嘉禾、军人周良用、吴大金建，今利之。

遇顺小桥：有三。明万历间军人张天实建。

6/寻甸州17桥：通靖.温泉.原木.洗马.三板.日甲.独树双桥.七里.代硶.引凤.（余略） 179/13

通靖桥：去州东20里，长三丈，阔五尺，按明一统志跨阿交合溪。

温泉桥：去州南30里，长15丈，阔八尺，明嘉靖初年建。万历27年重修。按明一统志跨温泉下流。

独树双桥：去州东半里，明嘉靖23年知府林斌重修。

七星桥：去州城20里，郡民刘瑭建，长十丈阔三丈。

7/平彝县二桥：界牌铺桥.界牌桥。 179/13

界牌桥：去城西北八里，明万历24年分巡道高鹰捐资檄经历汤廷良督造，仍作亭三楹。

20×20=400（京文）

758

云南姚安府部

第　　頁

姚安府关梁考　职方典第1497卷　第179册（通州县志合）

1/本府（姚州附郭）17桥：楝川、蜻蛉、彩虹、九龍、普利、石泉、汇泉、仁和、如遠、連场、望川。（余略）　179/25

2/大姚县12桥：利鲜、神喜、榮春、春溪、太通、聚魁（余略）179/25

云南鹤庆府部

鹤庆府关梁考　职方典第1499卷　第179册　（通志）

1/本府28桥：跨鳌、新生、金燈、迎贵、落鍾、窪川、石固、済川、象跪石、蜂鬰、天生、观音山。（余略）　179/35

2/剑川州28桥：功农、巖场、顛场、伽藍、小馬、上大、桃羌、下大、海虹、茄平、狮子、迴流、求嗣（余略）　1.79/35

（这文）

20×20＝400

20×20＝400（京文）

759

云南武定府部

第　　　　页

武定府关梁考　职方典1501卷　第179册　(通志)

1/ 本府(曲和州附郭)18桥：虎市、龙潭、大营、聚宝、陟久、逻羁勒、泥法则、通会、大木、清风、明月、(余略)　179/47.

龙潭桥：在虎市桥东一里，江岸两壁峭立，跨以木桥。下有龙潭，俗传内潜蛟物，桥不可驾驭。明万历间知府刘懋武造屈七犀於上。

2/ 元谋县三桥：大板、崇义、永福.　179/47

3/ 禄劝州四桥：鲁屋、西蟠龙、掩梯、五马.　179/47.

√掩梯桥：康熙18年僧学显建。

武定府艺文　职方典第1504卷　第179册

惠桥烟雨(诗)　明 杨慎　179/58

20×20=400（京文）

760

云南丽江府部　　180/1—4

丽江府山川考　职方典第1505卷　第180册　（通府志合）

玉河：源出象山北麓，有泉数处涌出汇流北溪，至双石桥分为二派，一经入八河，一由白马里剌缥里，至东园桥合流入鹤庆为漾弓江。……　180/1

丽江府关梁考　职方典第1505卷　第180册　（通志）

丽江府之桥：双石．万锁．吉祥．清龙河．东关．铁桥．180/2

铁桥：在旧巨津州北130余里，跨金沙江。考造桥之时，或云吐蕃，或云隋史万岁及苏荣，或云南诏阁罗凤与吐蕃结好时置。吐蕃尝置铁桥节度，后异牟寻归唐，与韦皋合兵破吐蕃断铁桥即此。所跨处穴石锢铁为之，冬月水清犹见铁环。

丽江府古迹　铁板城遗址：在铁桥南。　180/3

丽江府艺文　华马国　（元）木公　180/3

霁虹桥　（明）杨慎　〃〃

丽江府纪事　（通志）宋宁宗嘉定17年，元太祖帖木真征东印度，至铁桥石门关前，军报有兽一角，形如鹿而马尾，色绿，作人言曰，汝主宜早还。……帝即回驭，石门关在丽江府，东印度盖指南诏也。180/4

20×20＝400（京文）

761

云南元江府部　　180/5

第　　頁

元江府关梁考　联方典第1506卷　第180册（西.府.志合）

元江府18桥：广德、万寿、青溪、大石、澄利、混龍、羲典、三板、大南廉、太平、他郎大桥（余略）。　180/5

大石桥：在普洱城南三里许。康熙45年義民萧世寅子智、章、習、诏重建。

混龍桥：在府西40里阿南村，跨㟪崀河，长三丈，阔一丈许。

太平桥：在府城南120里，因远乡，明崇祯三年土舍那斋建，清康熙30年知府単世重修。

20×20=400（京文）

762

云南蒙化府部　　180/10—18

第　　页

蒙化府关梁考　　职方典第1507卷　　第180册

蒙化府23桥：永春、永寿、云龙、四十里、崇化、锦溪、嵯峨、悬珠、饮虹、封川、衍洋、聚仙、佛澄、靖远、和会（全名）180/10

∨锦溪桥：在府东一里，明万历年郡绅朱鸣时重建，傍学清重修。源自龙王庙达于阳江。

悬珠桥：又名聚仙桥，下有瀑布，在城东五里，郡人王绪重修。

∨聚仙桥：在城东五里元珠观下，又名元珠桥，用石平架，俨若龙门。瀑布中流，声闻碎玉，王德清造，郡人王绪重修。

蒙化府祠庙考　　职方典第1508卷　　第180册　　（府志）

观音阁：在封川桥南。　　180/16

蒙化府古迹考　　职方典第1508卷　　第180册　　（府志）

白塔：△在南薰桥北岸大路下，今圮，止有塔基。相传为武侯所建。又因与文庙相对，一名文笔塔。180/17

蒙化府艺文　　职方典第1508卷　　第180册

锦溪桥赋　　（明）朱　衡　　180/18

南薰桥（诗）　　（明）张佳印　　〃　〃

漾江怀古（诗）　　（明）马继龙　　180/18

20×20=400（京文）

763

云南永昌府部 180/21—23

第　　页

永昌府山川考　职方典第1509卷　第180册　（府志）

（永平县）九渡河：在县东北50里，源发：胜备江沿山绕流，上跨九桥。 180/21

木里场河：在县北二里，源发大平堡山，流至通津桥，达于银龙江。 180/21

永昌府关梁考　职方典第1509卷　第180册　（府志）

1/ 本府（保山县附郭）27桥：春晖、双桥、升阳、通华、镇南、龙池、众安、济安、东津、北津、霁虹、凤鸣、神济、西城、西山。（余略） 180/23

众安桥：在城南七里，跨沙河水下流，永腾通衢也。明洪武23年指挥胡渊创建木桥。正德间参将沐崧、嘉靖间付使郭春震相继重修。砌石为桥，广一丈二尺，高五丈余，袤六丈有奇。清康熙29年总兵偏图重修。

济安桥在城北五里，阑诸西河之水，今呼为五里桥；东津桥在城北20里，今呼为小板桥；北津桥在城北板桥村，上有小亭五间；三桥均明洪武15年指挥李观建。

霁虹桥：在城北80里，跨澜沧江……武侯南

20×20=400（京文）

764

180/23

征，架木桥以济师。元元贞乙未也先不花西征，始更以巨木，题曰霁虹……（明）成化中，僧了然募造瓦桥，以木为柱，而以铁索横牵两岸，下无所凭，上无所依，飘然悬空。桥之上覆为亭23楹，两岸合为一亭，副使吴鹏题于石壁曰：西南第一桥。……明季复毁。清克滇，督抚司道各捐金，檄金腾道纪尧典督造。两端系铁缆16，覆板于缆上。又为板屋32楹，长360丈，南北为关楼四，弘敞坚致，视昔有加。后毁于兵……（康熙）20年知县秦嘉漠重造。27年总兵偏图增修两亭于南北岸，桥旁翼以栏杆。日久损蚀复摧。38年总兵周化凤、知府罗纶、知县程爽又重修之。

◎风鸣桥：跨沙木河。相传桥下水多瘴，人马饮之即病，今亦不验。

神济桥：在诸葛营北。明永乐间指挥奉琳造。嘉靖间义民吴贵甃以砖石。

◎血战桥：在姚城金胜关外，明时破缅酋于此。参将邓子龙造。

西山桥：在石册寨，土舍莽承绪造。

2/永平县十桥：太平、九渡、胜备、花桥、双桥、漾濞（全略）180/23

20×20=400（京文）

765

180/23—24

第　　　　页

太平桥：一名银江桥，在城外县治东半里，跨龙银江，长14丈，高二丈五尺，广二丈。康熙33年江水泛涨，冲断桥梁，知县姚孔鋠重建。

双桥：在县东北80里，近黄连铺，一河旋绕二桥，故曰双桥。

漾濞桥：漾濞系蒙化、大理、永平三处交会之所。康熙30年提督诺穆图新建，引铁索为梁，上覆瓦屋，制颇坚丽。

3/腾越州19桥：滇滩、天生、通津、中桥、藤桥、界尾、灰窑、三合、龙川、大盈（余略） 180/24

滇滩桥：离州180里，外接野人界。据通志，东关俱有营房35间。明万历22年，巡抚陈用宾檄知府漆文昌建。

○天生桥：有三：一在灰窑江之下，两岸逼近若天生然，一在打苴，一在清水河。

通津桥：一名神桥，跨大盈之壕，当罗生之衢，嘉靖八年百户郜升增修。

○藤桥：有二：一在干甸，一在曲石。水流湍急，以藤系于两岸树上，行者扳援以渡。

灰窑桥：在城北60里，跨两山断脉，峡深20丈，

20×20=400（京文）

766

180/24-32

第　　頁

陡峻特甚，下流即曲石江。

三合桥：在城西南十里，叠水河、芭蕉溪、来凤湖合流于此，故名。

龙川桥：在州东70里、龙川驿，跨凤溪江，旧编藤为桥，铺以小板。明弘治间兵备副使赵炯建桥于上流，寻废。嘉靖十年兵备付使潘润效霁虹桥制建此，两岸各为官厅。清康熙37年桥毁，38年知州唐翰卿重建桥于壶瓶口，副将张友凤捐俸助之，然较旧路险而且远，行者苦焉。

永昌府祠庙考　职方典第1510卷　第180册（图、府志合）

（本府）玉桥寺：在城南施甸。　180/30

永昌府古迹考　职方典第1511卷　第180册（图、府志合）

（本府）兰江霁色：即兰沧江，两山壁立，一水云奔，长桥若彩虹横於天际，雾气氤氲，岚光缥缈，佳景也。180/32

北津杨柳：在城北20里，即今之板桥也。旧时道旁绿杨参差，状如柳巷，因兵燹久废。清康熙39年知府罗纶重为栽植，三年之后，一路成阴矣。

20×20=400（京文）

767

180/39-43

第　　页

永昌府艺文　职方典第1512卷　第180册

送胡檻轩还永昌(诗)　(明)沐　昂　180/39

永昌府纪事　职方典第1512卷　第180册

(府志)崇祯间,郡人王盤结上江漕涧土官及猓猓野人为乱,先烧兰津桥,围攻永昌北城。推官陈荀世引卫军御之,贼不能攻,已暮遁去。　180/41

云南永北府部

永北府关梁考　职方典第1513卷　第180册　(府志)

永北府一桥:镇海桥,在李公河上大理郡守李本才建,以资济渡。　180/42

云南开化府部

开化府关梁考　职方典第1513卷　第180卷　(通志)

开化府六桥:永济、镇西、三板、侬河、弥勒河、天生。180/43

○天生桥:在境内天成桥形　180/43

20×20=400(京文)

768

云南永宁府部　　180/45

永宁府关梁考　职方典第1514卷　第180册　(通志)

永宁府三桥：开基、海门、大桥。　180/45

开基桥：在府前，天生桥居其上流。

海门桥：在府西通四川打冲河，达川江桥外笮井界。

云南镇沅府部

关梁无考

云南景东府部

关梁无考

云南土司部

关梁无考

20×20=400（京文）

769

贵州贵阳府部　　181/23-26

贵阳府山川考　职方典第1523卷　第181册　(通志)

(本府、贵筑县附郭)板桥山：在城南60里，高与云齐，数百里内外皆见之。晴日亦生云气，上有石枰，传有仙人对奕其上。　181/23

济番河：在城西南30里，俗名花犵狫河，八番始所经。明成化初，宣慰使宋昂叠石为桥，其下流合南明河。　181/23

(龙里县)梁溪：在城西南五里，东北合流于巅箕河。今其上有广济桥，为往来必经之道。　181/24

(贵定县)瓮城河：在新添西20里，自平伐发源，视诸水差大，有石桥，黔楚大道。　181/25

(定番州)伏龙坡：在小程司南二里，西通上马桥，东达卢番司。　181/25

上马桥河：在上马桥司东北流入贵阳府界，即南明河之上源。　181/26

贵阳府关梁考　职方典第1524卷　第181册　(通志)

1/本府(贵筑县附郭)20桥：道德、振武、忠烈、月殿、虹霁、虹、通济、金锁、济番、太慈、麦架、化龙、浮玉、仙临(全县)　181/26

通济桥：在城西。一为头桥，一为二桥，一为三桥。

20×20=400（京文）

770

181/26—40

第　　頁

化龍橋：去新城上有大石，形肖寄龜。

浮玉橋：去尚城壕，所谓鳌矶浮玉是也。

仙踪橋：去城北20里，上有仙人足迹，旁有松梵庵，歇幽情。

2/龍里县三橋：水橋、永通、广济 181/27

3/贵定县六橋：北门、西门、覆城、珍珠、覆侶、孝新 181/27

4/修文县橋梁无考

5/开州橋梁无考

6/定番州一橋：程番橋 181/27

7/广顺州二橋：天生、墨綠 181/27

天生橋：去从仁里，水穿山腹而成，人往来其上，如卧波之長虹。

贵阳府纪事　职方典第1526卷　第181册

(通志)(明武宗正德)十三年夏，省城大水，霁虹橋圯。181/40

(補)贵州总部藝文

流唐路中杂咏(之一)　(明)杨慎　181/20

20×20=400（京交）

971

贵州思州府部　　181/42—53

思州府关梁考　职方典第1527卷　第181册　(通志)

思州府六桥：云封、平堪、木林、通济、大石、迎恩　181/42

贵州思南府部

思南府关梁考　职方典第1528卷　第181册　(通志)

1) 本府(安化县附郭)十桥：周道、达金、回龙、永镇、迁善(桥)　181/47

2) 婺川县三桥：镇南、龚溪、丰乐　181/47

3) 印江县三桥：澄清、乐茂、南门　181/47—48

思南府艺文　职方典第1529卷　第181册

七星桥款(诗)　(明)方万策　181/53

20×20＝400（京文）

772

贵州镇远府部　　　　181/55—60

镇远府山川考　职方典第1530卷　第181册　（通志）

（施秉县）云台山：在偏桥西北30里，……明万历间卫千夫长徐贞之业官辟，载僧友周惠登卜筑浮此，遂结庐焉。后缁流折为大刹，徐楚人遗蜕，至今尚存，须发如故。邑士人读书其上。　181/55

诸葛洞：在偏桥东15里，一名婴蓬洞……　181/55

镇远府关梁考　职方典第1530卷　第181册　（通志）

1/ 本府（镇远县附郭）7桥：祝圣、乾溪、相见、偏桥（余略）　181/56

祝圣桥：在府城东，明崇祯间巡抚刘士祯建。清康熙27年夏五月水溢桥圮，总督范承勋……公捐银3700两有奇重修，工始于28年九月成于29年12月。

偏桥：在府城西60里。

2/ 施秉县三桥：知政、普庆、跨虹。　181/56

镇远府祠庙考　（本府）张公祠：在东山观迎仙桥左，祀明太守张守让，守镇远有惠政，郡人为立祠。　181/58

紫皇阁：在府治西北……上跨小桥……　181/58

镇远府艺文　偏桥行（诗）　（明）何景明　181/60

偏桥新河成放舟东下（诗）　（明）郭子章　〃 〃

镇字（俊韵）　（明）张守让　〃 〃

20×20=400（京文）

773

贵州石阡府部　　　　　　　　　　182/1—7

石阡府山川考　职方典第1532卷　第182册　（通志）

（本府）万寿山：在府城北地名杀楼山下有洞传有神羊出入，人逐之，即化为石。　182/1

纱帽山：在杀楼，一名朝天岭。　〃 〃

石阡府关梁考　职方典第1532卷　第182册　（通志）

1/本府五桥：迎恩、文星、永济、达远、来宾　182/2

2/龙泉县二桥：赵公、王公　〃 〃

石阡府艺文　职方典第1532卷　第182册

龙泉石径（诗）　（明）王守仁　182/5

贵州铜仁府部

铜仁府山川考　职方典第1533卷　第182册　（通志）

（本府、铜仁县附郭）梵静山：一名月镜山，在乌罗司北60里……别处隔旦六尺许，名曰金刀峡，峡有飞桥相接，左絫皆是梵字……　182/6

铜仁府关梁考　职方典第1533卷　第182册　（通志）

铜仁府（铜仁县附郭）二桥：广济、天生　182/7

○天生桥：在府城北120里，石崖横亘溪上如桥。

20×20=400（京文）

774

贵州黎平府部　　　　　　　　　　　　182/11—16

黎平府关梁考　　职方典第1534卷　　第182册　　(通志)

黎平府六桥：玉带、天生、武安、来远、通远、清平　182/11

天生桥：一石跨潭溪，广二丈余，长20丈。

贵州安顺府部

安顺府山川考　　职方典第1535卷　　第182册　　(通志)

(本府、普定县附郭)龍潭洞：在府东北五里。洞极宽广，潭在其中，水气慑人，不可近，有天生石桥，好事者或往游焉。亦为岁旱祷雨之所。　182/15

碧波桥洞：在府东二里。　〃〃

寧穀桥洞：在府西十里。　〃〃

(普安州)天桥洞：在州旧乐民所城西，有石如桥。182/15

軟桥洞：在州东35里。　182/16

板桥洞：在州东南80里，上接州南30余里之大水塘，伏流入盘江。　182/16

(镇寧州)双明洞：在州西五里，又名紫雲軒，廓高朗，东西相通如城阙，中有流水汇而为潭，有桥可渡。182/16

阿破洞：在12营长官司北50里，以寨得名，土人以索为桥渡之。　182/16

20×20=400（京文）　　　　775

(永宁州)集仙洞：去州城南五里，一洞门径甚折，偃偻入之，石后一小桥，渐高敞，顶有窍，光明下注，石林石钟俨然。　182/16

伯牙洞：从北桥映潮流而上可五里至洞，……水出洞间，从石桥上，遵山数里，山为之断，设桥而接，刳大木以覆之，……　182/16

白水河：去州东北40余里，其水之白异于他水。上有望水亭……洞中有碑刻雪浪川霞四字。方知天下瀑布未有若此之大观者。水过八十石入郎公河与关岭灞陵桥之水会。　182/16

郎公河：去慕役司东南30里，湍流急疾，不能为桥，惟设舟以济往来。　182/17

(安平县)鹭鸶鱼石：去城南十里，清流环映，架空以行，是为普济桥。去桥流百步碧漪翠浪中，石岩岩环列生情，每年鹭鸶前后数日，有鱼排云逐队丛聚而过，莫知其数，土人网之以为业，因名。　182/17

(普安县)盘江：去县城东40里，源自金沙江分派，由乌撒200里至此，流入粤，为滇南孔道所经。两山夹东而水势湍急，往以舟渡多覆溺。明参政朱家民搬造桥，水深不可垒石，乃炼铁为绳悬两崖间，覆

182/17—18

以板，人行其上，如在空际。复于桥东西建堞楼以司启闭。并傍琳宫梵宇，金碧辉煌，西南胜境也。后桥为贼毁，今重建木桥复加楼楯，壁如华丽，倍于畴昔。 182/17

西宁河：在县西十里深谷之间，夏月水涨，土人束藤为桥，缘藤而渡，数修石梁，桥成复圮。182/17

安顺府关梁考　职方典第1536卷　第182册　(通志)

1/本府(普定县附郭)七桥：双溪、通济、清水、碧波(全名) 182/18

2/普安州一桥：登际桥。 182/18

3/镇宁州二桥：白虹、天生。 " "

○天生桥：在12营长官司东北40里。 " "

4/清镇县一桥：滴澄桥。 182/18

5/安平县一桥：通济桥。 " "

6/安南县二桥：盘江、江西坡。 " "

○盘江桥：在县城东40里。明崇祯间参政朱家民建铁索桥，寇毁。清顺治16年重修。康熙六年重建木桥，十九年贼毁，23年重建，极为壮丽。

安顺府祠庙考　职方典第1537卷　第182册　(通志)

20×20=400（京文）

777

182/23—29

(本府)熊玉庙：在城桥左。 182/23

大愿寺：在盘江桥右。 〃 〃

安顺府古迹考 职方典第1537卷 第182册 (画在)

(普安县)鹤亭轩：在盘江桥东。 182/25

安顺府艺文 职方典第1538卷 第182册

铁桥图歌(诗)	(明)熊文光	182/28
晚渡铁桥(诗)	(明)张瑞图	〃 〃
渡铁桥(诗)	(明)吴兆元	〃 〃
渡铁桥(诗)	(明)杨绳武	〃 〃
读铁桥图记(诗)	(明)王思任	〃 〃
题盘江铁桥(诗)	(明)姜思睿	〃 〃
渡盘江铁桥(诗)	(明)王锡衮	182/29
盘江桥(诗)	(明)张镜心	〃 〃
题铁桥(诗)	(明)陈士奇	〃 〃
罗甸曲(四首之一)(诗)	(明)杨慎	〃 〃

20×20=400(京文)

778

贵州都匀府部　182/30—38

都匀府山川考　职方典第1539卷　第182册　（通志）

（本府都匀县附郭）龙山：在府城西……初名蟒明，

后崔桂易以今名，于断岸处建小桥，名曰谪仙。182/30

都匀府关梁考　职方典第1539卷　第182册　（通志）

1/本府（都匀县附郭）四桥：迎恩、来远、平定、杨安。182/32

2/麻哈州二桥：惠民、必拔。〃〃

3/独山州一桥：深河桥。〃〃

4/清平县四桥：勇胜、报捷、凯旋、宗伯。〃〃

勇胜桥：在县城南，明知县王傲建。按明一统

志：跨勇胜溪上。182/32

都匀府艺文　职方典第1540卷　第182册

谪仙桥（诗）　（明）邹元标　182/38

20×20=400（京文）　779

贵州平越府部　　　　182/40—42

平越府山川考　　職方典第1541卷　　第182册　　（通志）

（本府、平越县附郭）麻哈江：在府城東五里，两崖壁立，舟渡甚艰。明万历间郡人萧銧建桥其上，高数十丈，俯瞰澄流，心目習眩，行者如履霄汉，为黔南津梁之冠。　182/40

（瓮安县）仙桥山：在县城西十里，山高千丈，顶有石，中空如桥，上建真武殿。　182/40

龍洞：在县北三里。洞有潭，深泓莫测。上横跨石梁，宽平可步，中有神鱼，土人不敢取。　182/41

（黄平州）西门河：在州城西，即潕溪之源，下流入楚，可以行舟。因经偏桥诸葛洞之险，艰于上下，故久废。清顺治16年督抚道疏浚凿石以通楫运，航舟衔尾而集。今渐塞。　182/41

重安江：在州東30里，发源麻哈，通靖州入楚，滇黔要津。每岁黄平清平分造舟梁以渡，工费不赀，民颇病之，且江水湍悍，有覆没之患。清康熙12每年拟议创修石桥，民力始苏。

平越府关梁考　　職方典第1541卷　　第182册　　（通志）

1/ 本府（平越县附郭）11桥：黄丝、萧銧、樊家、嘛隆、王公，

780

182/42—

第　　　页

杨老、予写（余写）　182/42

万钱桥：在府城东五里。明万历间郡人万钱延屡为水决，三延乃成，靡金巨万悉罄家资，厥功最伟。吴智法窟鸣碧碑题万钱桥三字。清康熙二年为水所圯，署副徐弘业重修。九年延三元阁于桥北。以振修风彩又于两岸修砖腰墙百余丈以卫行者，往来便之。

樊家桥：在府城东北五里地名七星关，郡人樊都造。

王公桥：在府城北30里，地名牛坊，郡人王麟造。

2/ 瓮安县二桥：沙子、刘家。　182/42

3/ 湄潭县二桥：湄水、濑水。　"　"

4/ 余庆县二桥：新村、乌江。　"　"

5/ 黄平州六桥：滃浪、会通、重安江桥、窦泉。　"　"

重安江桥：在兴隆城南30里，江水浑深，为滇黔孔道。昔係舟渡，往往有覆没之患。清康熙12年，布政使潘超先、按察使张文德、提督参议陈宝鑰捐金修造石桥，往来称利涉焉。今毁，仍用舟渡。

平越府祠庙考　职方典第1542卷　第182册　（通志）

20×20=400（京文）

781

182/46—50

（宝安县）缕岩观：去县北30里，元时建。岩有龙洞石，上有龙鳞甲及坐卧痕，怪石悬桥，林木幽异，称名胜。182/46

平越府艺文　职方典第1542卷　第182册

葛镜桥碑记　（明）张鹤鸣　182/49

葛镜桥（诗）　（明）郭子章　182/50

20×20=400（京文）

782

贵州威宁府部

182/53—54

威宁府山川考　职方典第1543卷　第182册　（函志）

（大定州）六归河：在州城南50里，断崖千尺，旧植桩于两岸，顶截巨木为筒，以绳贯之，系诸树，渡者身缚于筒，以手缘索而进，既达，乃解之。西域传所谓度索寻橦，唐独孤及所谓引索曰笮，人悬半空，度彼绝壑，是也。今易舟渡。　182/53

（毕节县）七星河：在县城西七里山下，崖险水深，明嘉靖间道人黄一中、周阳泰建桥以济。　182/53

威镇河：在县城東十里，上有石桥。　〃〃

赤磁河：在赤水城南，源出芒部，流入蜀，昔以舟渡，后易浮桥。　182/53

威宁府关梁考，职方典第1543卷，第182册　（函志）

1）本府七桥：通济、六道、石门、野马川、天生（2）、可渡。　182/54

天生桥：在府西五甸站東，峻岸间有石梁悬亘，高十余丈，長里许，仅容一人，须鱼贯而进，往来相值则不得前，行者必举烟以示。按明一统志有二：一在府城东80里深山中；一在府城東北100里，石梁横截，拱架如桥。

可渡桥：在府南90里可渡关上。旧为木桥，清

20×20=400（京文）

783

182/54~57

康熙28年榜地，30年县督范承勋、云抚王继文、熊擅田受、布政司孙蕙、贵西道高起隆、张奇抡、捐輸道傅作楫捐资重修，覆以瓦。

2/ 平远州四桥：太平、丹华、麟趾、高家。 182/54

3/ 黔西州 关渠兄孜。

4/ 大定州三桥：柯家、乌西、归化。 182/54

5/ 永宁县五桥：据胜、彩虹、通济、龍虎、铁炉 " "

6/ 毕节县五桥：七星、济川、威宁、通津、平安。 " "

七星桥：在七星关，即起善所建桥缺欄，清康熙五年重修。

威宁府艺文 职方典第1544卷 第182册

永宁河碑记 （明）曹 震 182/57

黔西州乾河桥记 （明）郭子章 " "

784

橋志資料　　橋数統計

1. 京畿总部				767座
(1) 順天府部				163座
大興宛平县	27座		怀柔县	缺
良乡县	3〃		涿州	4座
固安县	6〃		房山县	3〃
永清县	缺		霸州	9〃
東安县	7座		文安县	8〃
香河县	7〃		大城县	8〃
通州	35〃		保定县	1〃
三河县	2〃		蓟州	11〃
武清县	6〃		玉田县	12〃
宝坻县	10〃		平谷县	8〃
昌平州	21〃		遵化州	4〃
順义县	7〃		丰润县	4〃
密云县	缺			
(2) 永平府部				61座
卢龍县	4座		滦州	23座
迁安县	7〃		樂亭县	8〃
撫寧县	6〃		山海衛	7〃
昌黎县	6〃			

20×20=400（京文）

1.

(3) 保定府部 241座

清苑县	43座	完县	11座
满城县	16〃	雄县	25〃
安肃县	5〃	祁州	7〃
定兴县	4〃	深泽县	9〃
新城县	28〃	束鹿县	12〃
唐县	1〃	安州	14〃
博野县	9〃	高阳县	9〃
庆都县	21〃	新安县	15〃
容城县	8〃	涞水县	4〃

(4) 河间府部 26座

河间县	2座	景州	2座
献县	2〃	东光县	1〃
阜城县	1〃	沧州	3〃
南宁县	2〃	南皮县	4〃
任邱县	2〃	庆云县	1〃
交河县	2〃	天津卫	2〃
青县	2〃		

(5) 真定府部 47座

真定县	2座	曲阳县	4座

20×20=400（京文）

2.

获鹿县	3座	行唐县	2座
井陉县	3 〃	武强县	1 〃
灵寿县	2 〃	赵　州	3 〃
元氏县	2 〃	柏乡县	5 〃
欒城县	1 〃	隆平县	1 〃
无极县	2 〃	臨城县	1 〃
平山县	3 〃	贊皇县	1 〃
定　州	3 〃	寧晋县	4 〃
新樂县	2 〃	衡水县	2 〃
(6)　順德府部			84座
邢台县	12座	唐山县	8座
沙河县	3 〃	内丘县	6 〃
南和县	24 〃	任　县	27 〃
平乡县	4 〃		
(7)　广平府部			68座
永年县	13座	邯鄲县	6座
曲周县	9 〃	成安县	6 〃
肥乡县	4 〃	威　县	5 〃
鸡澤县	18 〃	清河县	3 〃
广平县	4 〃		

20×20=400（京字）

3.

(8) 大名府部			77座
元城县	缺	濬县	19座
大名县	6座	滑县	8〃
南乐县	4〃	東明县	15〃
魏县	4〃	开州	6〃
清丰县	4〃	長垣县	7〃
内黄县	4〃		

(9) 宣化府部			60座
宣化府	52座	怀安城	2座
永宁城	2〃	顺圣城	1〃
怀来城	1〃	延庆州	1〃
保安衛	1〃		

2. 盛京总部 84座

(1) 奉天府部			54座
承德县	11座	盖平县	13座
辽阳州	5〃	开原县	13〃
海城县	10〃	鉄嶺县	2〃

(2) 錦州府部 30座

4.

錦+县	5座	广寧县	21座
寧远州	4〃		

3. 山東总部　　1126座

(1) 济南府部　　246座

歴城县	30座	泰安州	3座
章丘县	6〃	新泰县	10〃
邹平县	15〃	莱蕪县	10〃
淄川县	22〃	德　州	05〃
長山县	14〃	德平县	11〃
新城县	18〃	平原县	5〃
齐河县	2〃	武定州	3〃
齐東县	12〃	海丰县	10〃
济阳县	3〃	樂陵县	7〃
禹城县	11〃	商河县	4〃
臨邑县	6〃	濱　州	7〃
長清县	10〃	利津县	3〃
肥城县	7〃	霑化县	7〃
陵　县	1〃	蒲台县	4〃

20×20=400（京文）　　5.

(2) 兖州府部 411座

滋阳县	28座	济宁州	21座
曲阜县	12〃	嘉祥县	6〃
宁阳县	15〃	钜野县	8〃
邹县	34〃	郓城县	15〃
泗水县	13〃	東平州	15〃
滕县	15〃	汶上县	27〃
峄县	16〃	東阿县	4〃
金乡县	21〃	平陰县	3〃
鱼台县	7〃	阳穀县	5〃
单县	11〃	寿張县	16〃
城武县	12〃	沂州	27〃
曹州	17〃	郯城县	9〃
曹县	17〃	費县	22〃
定陶县	15〃		

(3) 東昌府部 65座

聊城县	4座	清平县	2座
堂邑县	2〃	莘县	1〃
博平县	5〃	臨清州	6〃
茌平县	5〃	館陶县	4〃

20×20=400（京文）

6.

高唐州	5座	濮州	11座
恩县	2〃	范县	7〃
夏津县	4〃	观城县	3〃
武城县	4〃		

(4) 青州府部 218座

益都县	26座	安丘县	2座
臨淄县	10〃	諸城县	51〃
博兴县	36〃	蒙陰县	29〃
高苑县	6〃	昌樂县	15〃
樂安县	11〃	莒州	2〃
寿光县	3〃	沂水县	4〃
臨朐县	11〃	日照县	12〃

(5) 登州府部 122座

蓬莱县	14座	招远县	12座
黄县	13〃	莱阳县	42〃
福山县	7〃	寧海州	9〃
棲霞县	6〃	文登县	19〃

(6) 莱州府部 64座

掖县	13座	潍县	7〃
平度州	5〃	昌邑县	8〃

20×20=400（京文）

7

胶州	7座	即墨县	11座
高密县	13〃		

4. 山西总部 610座

(1) 太原府部 131座

阳曲县	17座	河曲县	7〃
太原县	3〃	平定州	5〃
榆次县	3〃	乐平县	5〃
太谷县	4〃	忻州	2〃
祁县	6〃	定襄县	7〃
徐沟县	3〃	代州	4〃
清源县	4〃	五台县	4〃
交城县	10〃	崞县	5〃
文水县	13〃	岢岚州	1〃
寿阳县	4〃	岚县	1〃
盂县	5〃	保德州	8〃
静乐县	7〃	偏关	3〃

(2) 平阳府部 243座

临汾县	7座	襄陵县	9座

20×20=400（京文）

8

县/州	座数	县/州	座数
洪洞县	11座	河津县	2座
浮山县	5〃	解州	9〃
赵城县	6〃	安邑县	6〃
太平县	16〃	夏县	8〃
岳阳县	12〃	闻喜县	9〃
曲沃县	13〃	平陆县	1〃
翼城县	13〃	绛州	12〃
汾西县	2〃	稷山县	15〃
灵石县	11〃	绛县	9〃
蒲州	6〃	垣曲县	9〃
臨晋县	11〃	霍州	3〃
荣河县	2〃	吉州	5〃
猗氏县	7〃	隰州	8〃
万泉县	3〃	大宁县	9〃
永和县	4〃		

(3) 潞安府部 67座

县	座数	县	座数
長治县	7座	潞城县	7座
長子县	7〃	壶关县	11〃
屯留县	6〃	平顺县	8〃
襄垣县	10〃	黎城县	11〃

20×20=400（京文） 9.

(4) 汾州府部			36座
汾阳县	7座	綏德州	2座
孝义县	2〃	臨县	1〃
平遥县	3〃	永寧州	8〃
介休县	9〃	永寧县	4〃

(5) 大同府部			51座
大同县	4座	馬邑县	8座
怀仁县	1〃	蔚州	4〃
渾源州	6〃	廣靈县	4〃
應州	6〃	靈丘县	5〃
山陰县	3〃	广昌县	9〃
朔州	1〃		

(6) 沁州部			22座
沁州	15座	武乡县	5座
沁源县	2〃		

(7) 澤州部			30座
澤州	9座	陵川县	4座
高平县	4〃	高平县	6〃
阳城县	7〃		

(8) 辽州部			30座

20×20=400（嘉文）

10.

辽州	14座	榆社县	13座
和顺县	3〃		

5. 河南总部 657座

(1) 开封府部 53座

祥符县	14座	许州	3座
太康县	4〃	临颍县	4〃
洧川县	1〃	襄城县	3〃
鄢陵县	1〃	禹州	1〃
扶沟县	4〃	新郑县	2〃
中牟县	3〃	密县	1〃
兰阳县	1〃	郑州	4〃
商水县	1〃	荥阳县	3〃
项城县	2〃	汜水县	1〃

(2) 归德府部 71座

商丘县	15座	永城县	9座
宁陵县	1〃	虞城县	2〃
鹿邑县	10〃	柘城县	10〃
夏邑县	23〃	考城县	1〃

20×20=400（京文）

11

(3) 衛輝府部 82座

本府	8座	輝县	22座
新乡县	8〃	汲县	14〃
獲嘉县	5〃	胙城县	6〃
洪县	19〃		

(4) 怀庆府部 31座

河内县	6座	武陟县	1座
济源县	7〃	孟县	6〃
修武县	9〃	温县	2〃

(5) 河南府部 38座

洛阳县	13座	新安县	3座
偃師县	1〃	渑池县	1〃
鞏县	1〃	嵩县	2〃
孟津县	1〃	卢氏县	4〃
宜阳县	3〃	陕州	3〃
永寧县	2〃	閿乡县	3〃
靈宝县	1〃		

(6) 南洋府部 176座

南阳县	25座	唐县	18座
镇平县	8〃	泌阳县	10〃

20×20=400（京文）

12.

县/州	数目	县/州	数目
桐柏县	12座	淅川县	5座
邓州	23〃	裕州	15〃
新野县	20〃	舞阳县	18〃
内乡县	7〃	葉县	17〃

(7) 汝宁府部 162座

县/州	数目	县/州	数目
汝阳县	32座	光州	6座
上蔡县	12〃	光山县	11〃
确山县	13〃	固始县	11〃
新蔡县	10〃	息县	9〃
西平县	11〃	商城县	10〃
遂平县	9〃	信阳州	9〃
真阳县	9〃	羅山县	10〃

(8) 汝州部 44座

县/州	数目	县/州	数目
汝州	7座	宝丰县	15座
鲁山县	5〃	伊阳县	8〃
郏县	9〃		

6. 陕西总部 568座

(1) 西安府部 137座

13

長安咸寧二县	6座	朝邑县	缺
咸阳县	5〃	郃阳县	缺
興平县	3〃	澄城县	2〃
臨潼县	3〃	白水县	3〃
高陵县	5〃	韩城县	1〃
鄠县	4〃	華州	3〃
藍田县	1〃	華陰县	7〃
泾阳县	5〃	蒲城县	缺
三原县	11〃	耀州	缺
盩厔县	16〃	同官县	8〃
渭南县	12〃	乾州	10〃
富平县	1〃	武功县	缺
醴泉县	2〃	永寿县	1〃
商州	6〃	邠州	4〃
鎮安县	缺	三水县	5〃
雒南县	4〃	淳化县	4〃
山阳县	缺	長武县	1〃
商南县	缺	潼关衛	4〃
同州	缺		

(2) 凤翔府部　　40座

14.

第　　　页

县	数	县	数
凤翔县	7座	郿县	4座
岐山县	13〃	麟游县	2〃
宝鸡县	4〃	汧阳县	2〃
扶风县	5〃	陇州	3〃
(3) 汉中府部			86座
南郑县	8座		
褒城县	12〃	凤县	22座
城固县	13〃	宁羌州	7〃
洋县	15〃	沔县	3〃
西乡县	4〃	略阳县	2〃
(4) 兴安州部			18座
本州	11座	白河县	2座
平利县	1〃	紫阳县	4〃
洵阳县	缺		
(5) 延安府部			42座
肤施县	1座	鄜州	9〃
安定县	8〃	雒川县	4〃
宜川县	1〃	中部县	1〃
清涧县	6〃	绥德州	2〃
延川县	3〃	米脂县	3〃

20×20=400（京文）　　15.

葭州	3座	吴堡县	1座
(6) 平凉府部			17座
平凉县	3座	泾州	1座
崇信县	1〃	靈台县	3〃
華亭县	2〃	静寧州	3〃
固原州	1〃	隆德县	3〃
(7) 鞏昌府部			70座
隴西县	2座	文县	8座
安定县	8〃	秦州	1〃
会寧县	4〃	徽州	6〃
通渭县	3〃	两当县	5〃
漳县	5〃	岷州衛	4〃
伏羌县	3〃	洮州衛	3〃
西和县	5〃	靖远衛	1〃
成县	1〃	西固所	6〃
階州	5〃		
(8) 臨洮府部			24座
狄道县	2座	金县	5座
渭原县	1〃	河州	9〃
兰州	7〃		

20×20=400（京文） 16.

(9) 庆阳府部 25座

安化县	9座	真宁县	1座
合水县	6〃	宁州	6〃
环县	3〃		

(10) 榆林衛 1座

(10) 宁夏衛部 56座

本衛	51座	灵州千户所	2座
宁夏中衛	3〃		

(11) 陕西行都司部 52座

甘州衛	6座	山丹衛	4座
永昌衛	8〃	肃州衛	11〃
荘浪衛	8〃	镇边衛	4〃
凉州衛	2〃	古浪千户所	2〃
西宁衛	4〃	高台千户所	3〃

甘肃 244座

7. 四川总部 769座

(1) 成都府部 204座

成都县	32座	金堂县	15座
温江县	35〃	仁寿县	6〃
新繁县	4〃	新都县	13〃

20×20=400（京文） 17.

井研县	4座	新津县	15座
郫县	5〃	汶州	6〃
资县	2〃	什邡县	2〃
灌县	6〃	绵竹县	2〃
安县	4〃	绵州	5〃
内江县	4〃	德阳县	6〃
资阳县	13〃	茂州	20〃
简州	7〃	汶川县	2〃
崇庆州	3〃	威州	3〃

(2) 保宁府部 52座

阆中县	5座	巴州	4座
苍溪县	6〃	通江县	4〃
南部县	12〃	剑州	10〃
广元县	5〃	梓橦县	2〃
昭化县	4〃		

(3) 顺庆府部 19座

南充县	5座	仪陇县	2座
西充县	2〃	广安州	2〃
蓬州	3〃	大竹县	1〃
营山县	3〃	邻水县	1〃

20×20=400（京文） 18.

(4) 叙州府部			26座
宜賓县	4座	長寧县	4座
庆符县	2〃	兴文县	2〃
富顺县	8〃	建武(附)	1〃
南溪县	5〃		
(5) 重庆府部			113座
巴　县	6座	黔江县	2座
江津县	33〃	合　州	8〃
長寿县	14〃	忠　州	3〃
永川县	13〃	酆都县	2〃
榮昌县	8〃	墊江县	2〃
綦江县	4〃	涪　州	7〃
南川县	3〃	彭水县	8〃
(6) 夔州府部			32座
奉節县	4座	开　县	2座
巫山县	6〃	梁山县	7〃
万　县	1〃	达　州	12〃
(7) 馬湖府部			7座
(8) 龍安府部			17座
平武县	12座	江油县	3座

石泉县 2座

(9) 潼川州部 59座

本州	9座	遂宁县	2座
射洪县	3〃	蓬溪县	5〃
盐亭县	7〃	乐至县	9〃
中江县	24〃		

(10) 眉州部 22座

眉州	16座	丹棱县	6座

(11) 嘉定州部 105座

嘉定州	13座	峡江县	14座
峨眉县	12〃	犍为县	13〃
洪雅县	6〃	荣县	47〃

(12) 邛州部 25座

邛州	17座	蒲江县	5座
大邑县	3〃		

(13) 泸州部 16座

泸州	8座	合江县	1〃
纳溪县	3〃	江安县	4〃

(14) 雅州部 12座

雅州	1座	名山县	2座

20×20=400（京文）

20.

荥经县	8座	芦山县	1座
(15) 遵义府部			9座
遵义县	5座	真安州	2座
绥阳县	2〃		
(16) 岾昌五衛部			18座
岾昌衛	9座	寧蕃衛	3座
会川衛	1〃	越巂衛	5〃
(17) 松潘衛部			13座
(18) 大渡河部			3座
(19) 東川軍民府部			1座
(20) 烏蒙軍民府部			2座
(21) 疊溪守禦所部			4座
(22) 天全六番部			10座

8. 江南总部			7029座
(1) 江寧府部			551座
江寧上元二县	117座	溧水县	80座
句容县	63〃	江浦县	11〃
溧阳县	153〃	六合县	56〃

20×20=400（京苏）　　21.

高淳县 71座

(2) 蘇州府部 1146座

吳县長洲县	407座	嘉定县	133座
崑山县	152〃	太倉州	103〃
常熟县	113〃	崇明县	36〃
吳江县	202〃		

(3) 松江府部 693座

華亭婁县	278座	青浦县	228座
上海县	187〃		

(4) 常州府部 1444座

武进县	510座	宜興县	238座
无锡县	472〃	靖江县	49〃
江陰县	175〃		

(5) 镇江府部 332座

丹徒县	127座	金壇县	122座
丹阳县	83〃		

(6) 淮安府部 220座

山阳县	50座	安東县	15座
塩城县	29〃	桃源县	23〃
清河县	17〃	沭阳县	8〃

20×20=400（京文） 22

海州	14座	宿迁县	13座
赣榆县	20〃	睢阳县	15〃
邳州	16〃		

(7) 扬州府部 389座

江都县	41座	宝应县	18座
仪真县	46〃	泰州	20〃
泰兴县	76〃	如皋县	48〃
高邮州	55〃	通州	60〃
兴化县	25〃		

4775

(8) 徐州府部 63座

徐州	10座	丰县	16座
萧县	30〃	沛县	5〃
砀山县	2〃		

(9) 安庆府部 193座

怀宁县	38座	太湖县	17座
桐城县	38〃	宿松县	61〃
潜山县	26〃	望江县	13〃

(10) 徽州府部 499座

歙县	123座	婺源县	193座
休宁县	78〃	祁门县	40〃

20×20=400（京文） 23.

黟县	29座	绩溪县	36座
(11) 寧国府部			271座
宣城县	62座	太平县	10座
寧国县	55〃	旌德县	70〃
泾县	64〃	南陵县	30〃
(12) 池州府部			99座
贵池县	28座	石埭县	9座
青阳县	15〃	建德县	22〃
銅陵县	20〃	東流县	5〃
(13) 太平府部			237座
当塗县	162座	繁昌县	36座
蕪湖县	39〃		
(14) 庐州府部			262座
合肥县	45座	巢县	42座
庐江县	35〃	六安州	38〃
舒城县	36〃	英山县	5〃
无為州	42〃	霍山县	19〃
(15) 凤阳府部			299座
凤阳县	17座	怀远县	12座
臨淮县	30〃	定远县	42〃

20×20=400（京文）

24

五河县	23座	天长县	24座
虹县	9〃	宿州	9〃
寿州	8〃	灵璧县	11〃
霍邱县	15〃	颍州	8〃
蒙城县	36〃	颍上县	2〃
泗州	10〃	太和县	15〃
盱眙县	8〃	亳州	20〃

(16) 和州部 60座

和州	47座	含山县	13座

(17) 滁州部 133座

滁州	54座	来安县	37座
全椒县	42〃		

(18) 广德州部 138座

广德州	56座	建平县	82座

皖2254

9. 江西省部 2897座

(1) 南昌府部 350座

南昌新建二县	93座	进贤县	57座
丰城县	34〃	奉新县	52〃

20×20=400（京文）

25

靖安县	20座	寧州	53座
武寧县	41 〃		
(2) 饒州府部			411座
鄱阳县	69座	德兴县	81座
餘干县	45 〃	安仁县	51 〃
乐平县	53 〃	万年县	56 〃
浮梁县	56 〃		
(3) 广信府部			161座
上饒县	18座	鉛山县	24座
玉山县	27 〃	永丰县	10 〃
弋阳县	31 〃	兴安县	28 〃
貴溪县	23 〃		
(4) 南康府部			216座
星子县	52座	建昌县	61座
都昌县	60 〃	安义县	43 〃
(5) 九江府部			160座
德化县	31座	湖口县	49座
德安县	20 〃	彭泽县	45 〃
瑞昌县	15 〃		
(6) 建昌府部			200座

20×20=400（京文）

26

县	座数	县	座数
南城县	76座	广昌县	32座
新城县	34〃	泸溪县	24〃
南丰县	34〃		
(7) 撫州府部			359座
臨川县	141座	宜黄县	9座
崇仁县	69〃	楽安县	30〃
金谿县	67〃	東乡县	43〃
(8) 臨江府部			176座
清江县	28座	峡江县	57座
新淦县	31〃	新喻县	60〃
(9) 吉安府部			256座
庐陵县	105座	安福县	19座
泰和县	22〃	龍泉县	6〃
吉水县	40〃	万安县	29〃
永丰县	31〃	永新县	4〃
(10) 瑞州府部			160座
高安县	61座	上高县	39座
新昌县	60〃		
(11) 袁州府部			111座
宜春县	15座	分宜县	27座

20×20=400（京文）

27

萍乡县	23座	万载县	46座

(12) 赣州府部 258座

赣县	28座	長寧县	4座
雩都县	21〃	寧都县	39〃
信封县	23〃	瑞金县	9〃
興國县	43〃	龍南县	14〃
会昌县	10〃	石城县	28〃
安远县	17〃	定南县	22〃

(13) 南安府部 79座

大庾县	32座	上犹县	12座
南康县	32〃	崇义县	3〃

10. 浙江总部 4435座

(1) 杭州府部 1056座

钱塘仁和县	600座	臨安县	127座
海寧县	58〃	於潛县	46〃
富阳县	46〃	新城县	54〃
餘杭县	82〃	昌化县	43〃

(2) 嘉興府部 337座

20×20=400（京文）

28.

嘉興秀水县	164座	石门县	31座
嘉善县	37〃	平湖县	26〃
海盐县	40〃	桐乡县	39〃
(3) 湖州府部			304座
烏程归安县	179座	武康县	15〃
長興县	56〃	安吉州	30〃
德清县	13〃	孝丰县	11〃
(4) 寧波府部			706座
鄞县	341座	定海县	134座
慈谿县	104〃	象山县	37〃
奉化县	90〃		
(5) 绍興府部			649座
山陰会稽县	204座	上虞县	88座
蕭山县	99〃	嵊县	66〃
諸暨县	27〃	新昌县	28〃
餘姚县	137〃		
(6) 台州府部			257座
臨海县	47座	仙居县	23座
黄岩县	31〃	寧海县	35〃
天台县	40〃	太平县	81〃

20×20＝400（京文）

29

(7) 金華府部			228座
金華县	32座	永康县	30座
兰谿县	64〃	武义县	17〃
東阳县	16〃	浦江县	14〃
义乌县	45〃	湯溪县	10〃
(8) 衢州府部			205座
西安县	73座	常山县	19座
龍游县	30〃	开化县	22〃
江山县	61〃		
(9) 嚴州府部			256座
建德县	46座	遂安县	39座
淳安县	42〃	寿昌县	29〃
桐庐县	81〃	分水县	19〃
(10) 温州府部			318座
永嘉县	77座	平阳县	40座
瑞安县	72〃	泰顺县	29〃
樂清县	100〃		
(11) 处州府部			119座
麗水县	18座	缙云县	15座
青田县	14〃	松阳县	16〃

20×20=400（京文）

30

县	座数	县	座数
遂昌县	16座	云和县	4座
龍泉县	10〃	宣平县	4〃
庆元县	16〃	景宁县	6〃

10. 福建省部 2291座

(1) 福州府部 334座

县	座数	县	座数
闽县、侯官县	139座	連江县	25座
古田县	55〃	罗源县	22〃
闽清县	5〃	永福县	10〃
長樂县	47〃	福清县	31〃

(2) 泉州府部 195座

县	座数	县	座数
晋江县	67座	安溪县	8座
南安县	26〃	同安县	13〃
惠安县	20〃	永春县	58〃
德化县	3〃		

(3) 建宁府部 660座

县	座数	县	座数
建安、瓯宁县	194座	浦城县	76座
建阳县	56〃	政和县	24〃
崇安县	104〃	松溪县	80〃

20×20=400（京文） 31.

寿宁县　126座

(4)　延平府部　142座

南平县	11座	尤溪县	17座
将乐县	19〃	顺昌县	24〃
大田县	19〃	永安县	22〃
沙　县	30〃		

(5)　汀州府部　182座

長汀县	24座	清流县	29座
宁化县	30〃	連城县	21〃
上杭县	12〃	归化县	28〃
武平县	31〃	永定县	7〃

(6)　兴化府部　227座

莆田县	152座	仙游县	75座

(7)　邵武府部　270座

邵武县	135座	泰宁县	37座
光泽县	40〃	建宁县	58〃

(8)　漳州府部　202座

龍溪县	62座	南靖县	6座
漳浦县	34〃	長泰县	25〃
龍岩县	14〃	漳平县	15〃

20×20=400（京文）

32.

平和县	9座	海澄县	17座
诏安县	8〃	宁洋县	12〃
(9) 福宁州部			61座
福宁州	30座	宁德县	18座
福安县	13〃		
(10) 台湾府部			18座
台湾县	6座	诸罗县	4座
凤山县	8〃		
11. 湖广总部			2746座
(1) 武昌府部			361座
江夏县	34座	崇阳县	69座
武昌县	26〃	通城县	18〃
嘉鱼县	8〃	兴国州	33〃
蒲圻县	98〃	大冶县	33〃
咸宁县	32〃	通山县	12〃
(2) 汉阳府部			24座
汉阳县	11座	汉川县	13座
(3) 安陆府部			112座

20×20=400（京文） 33.

第　　页

锺祥县	23座	景陵县	18座
京山县	32〃	荆门州	8〃
潜江县	12〃	当阳县	11〃
沔阳州	8〃		
(4) 襄阳府部			96座
襄阳县	16座	穀城县	1座
宜城县	9〃	光化县	7〃
南漳县	13〃	均州	21〃
枣阳县	29〃		
(5) 郧阳府部			25座
郧县	3座	竹谿县	2座
房县	3〃	保康县	2〃
竹山县	3〃	郧西县	12〃
(6) 德安府部			170座
安陆县	41座	孝感县	53座
雲夢县	12〃	随州	22〃
应城县	19〃	应山县	23〃
(7) 黄州府部			178座
黄冈县	39座	蘄水县	21座
黄安县	10〃	羅田县	20〃

20×20=400（京文）　　34.

麻城县	19座	广济县	29座
黄陂县	15〃	黄梅县	15〃
蕲州	10〃		

(8) 荆州府部　216座

江陵县	36座	枝江县	8座
公安县	37〃	夷陵州	5〃
石首县	26〃	長阳县	11〃
监利县	13〃	宜都县	20〃
松滋县	10〃	远安县	21〃
归州	6〃	巴東县	9〃
兴山县	5〃	施州衛	9〃

(9) 長沙府部　401座 部2746

長沙县	29座	醴陵县	41座
善化县	45〃	益阳县	19〃
湘潭县	28〃	湘乡县	38〃
湘陰县	34〃	攸县	17〃
寧乡县	50〃	安化县	51〃
浏阳县	26〃	茶陵州	23〃

(10) 岳州府部　193座

巴陵县	13座	臨湘县	28座

35.

華容县	22座	安乡县	5座
平江县	29〃	永定衛	8〃
澧州	27〃	九谿衛	7〃
石门县	20〃	大庸所	4〃
慈利县	30〃		
(11) 宝庆府部			143座
邵阳县	51座	武冈州	20座
城步县	10〃	新寧县	30〃
新化县	32〃		
(12) 衡州府部			270座
衡阳县	60座	酃县	10座
衡山县	22〃	桂陽州	37〃
耒阳县	50〃	嘉禾县	6〃
常寧县	17〃	临武县	16〃
安仁县	46〃	蓝山县	6〃
(13) 常德府部			113座
武陵县	50座	龍阳县	32座
桃源县	26〃	沅江县	5〃
(14) 辰州府部			63座
沅陵县	2座	泸溪县	10座

辰溪县	3座	黔阳县	6座
溆浦县	1〃	麻阳县	27〃
沅州	14〃		

(15) 永州府部 231座

零陵县	20座	宁远县	70座
祁阳县	44〃	永明县	20〃
東安县	21〃	江華县	17〃
道州	23〃	新田县	16〃

(16) 靖州部 56座

靖州	21座	通道县	3座
天柱县	14〃	绥宁县	9〃
会同县	9〃		

(17) 郴州部 94座

郴州	10座	兴宁县	22座
永兴县	24〃	桂阳县	6〃
宜章县	22〃	桂東县	10〃

湘 1526

12 广東总部 1522座

(1) 广州府部 522座

20×20=400（京文）

37

南海番禺县	109座	新会县	83座
顺德县	140〃	三水县	8〃
東莞县	32〃	清远县	8〃
從化县	缺	新安县	15〃
龍门县	6座	花县	1〃
新寧县	8〃	連州	23〃
增城县	26〃	阳山县	21〃
香山县	36〃	連山县	6〃
(2) 韶州府部			165座
曲江县	21座	乳源县	23座
樂昌县	14〃	翁源县	24〃
仁化县	17〃	英德县	66〃
(3) 南雄府部			27座
保昌县	15座	始興县	12座
(4) 惠州府部			116座
归善县	1座	龍川县	17座
博羅县	9〃	長樂县	37〃
長寧县	缺	興寧县	25〃
永安县	缺	河源县	4〃
海丰县	20〃	和平县	3〃
連平州	缺		

20×20=400（京文）

38.

第　　　页

(5) 潮州府部			169座
海阳县	27座	大埔县	11座
潮阳县	22 〃	澄海县	24 〃
揭阳县	30 〃	普宁县	13 〃
程乡县	12 〃	平远县	9 〃
饶平县	18 〃	镇平县	4 〃
惠来县	9 〃		
(6) 肇庆府部			147座
高要县	14座	恩平县	8座
四会县	13 〃	开平县	9 〃
新兴县	22 〃	德庆州	16 〃
阳春县	5 〃	封川县	11 〃
阳江县	14 〃	开建县	12 〃
高明县	23 〃		
(7) 高州府部			80座
茂名县	11座	化州	14座
电白县	25 〃	吴川县	10 〃
信宜县	9 〃	石城县	11 〃
(8) 廉州府部			46座
合浦县	24座	钦州	8座

20×20=400（京文）

39.

靈山县	14座		
(9) 雷州府部			68座
海康县	36座	徐闻县	18座
遂溪县	14〃		
(10) 琼州府部			160座
琼山县	46座	儋州	8座
澄迈县	21〃	昌化县	1〃
定安县	4〃	万州	23〃
文昌县	10〃	陵水县	6〃
会同县	5〃	崖州	18〃
乐会县	9〃	感恩县	3〃
臨高县	6〃		
(11) 羅定州部			22座
羅定州	8座	西宁县	8座
東安县	6〃		
(12) 黎人岐人部	无桥梁资料		
(13) 猺獞蛮獠部	〃〃〃〃〃		

13. 广西总部　793座

40.

(1) 桂林府部 166座

臨桂县	20座	永福县	16座
兴安县	11"	義寧县	11"
靈川县	14"	全州	60"
阳朔县	14"	灌阳县	12"
永寧州	8"		

(2) 柳州府部 87座

馬平县	12座	来賓县	缺
雒容县	3"	象州	10座
羅城县	7"	武宣县	4"
柳城县	4"	賓州	14"
怀远县	2"	迁江县	7"
融县	9"	上林县	15"

(3) 庆远府部 53座

宜山县	29座	思恩县	3座
天河县	6"	荔波县	5"
忻城县	缺	東兰州	1"
河池州	7座	南丹州	2"

(4) 思恩府部 66座

思恩府	11座	武缘县	40座

20×20=400（京文）

41.

西隆州	缺	旧城土司	1座
西林县	缺	下旺土司	4〃
白山土司	2座	那馬土司	1〃
兴隆土司	4〃	都阳土司	1〃
定羅土司	2〃		
(5) 平樂府部			103座
平樂县	26座	荔浦县	7座
恭城县	16〃	修仁县	5〃
富川县	13〃	昭平县	14〃
贺县	14〃	永安州	8〃
(6) 梧州府部			138座
蒼梧县	11座	鬱林州	15座
藤县	13〃	博白县	9〃
容县	9〃	北流县	9〃
岑溪县	3〃	陸川县	17〃
怀集县	22〃	兴业县	30〃
(7) 潯州府部			39座
桂平县	10座	贵县	17座
平南县	12〃		
(8) 南寧府部			99座

20×20=400（京文）

42.

宣化县	17座	永淳县	10座
隆安县	45〃	上思州	6〃
横　州	21〃		

(9)　太平府部　13座

太平府	2座	全茗州	2座
左　州	缺	佶伦州	无
养利州	6座	龍英州	1座
永康州	缺	都结州	无
太平州	2座	崇善县	缺
安平州	无	罗阳县	缺
茗盈州	无	镇远州	缺
结安州	缺		

(10)　思明府部　6座

思明府	2座	思明州	3座
忠　州	1〃	凭祥州	无

(11)　泗城府部　23座

泗城府	5座	田　州	1座
果化州	5〃	归顺州	1〃
恩城州	无	向武州	2〃
都康州	7座	龍　州	2〃

20×20=400（京文）　43.

第　　页

14. 云南总部			856座
(1) 云南府部			134座
昆明县	25座	安寧州	13座
富民县	8〃	羅次县	12〃
宜良县	12〃	禄丰县	5〃
嵩明县	16〃	昆阳州	14〃
晋寧州	9〃	易门县	9〃
呈贡县	11〃		
(2) 大理府部			65座
太和县	23座	浪穹县	7座
赵州	7〃	賓川州	5〃
云南县	5〃	云龍州	1〃
邓川州	7〃	北胜州	10〃
(3) 臨安府部			87座
建水州	23座	河西县	6座
石屏州	7〃	嶍峨县	5〃
阿迷州	13〃	蒙自县	6〃
寧州	12〃	新平县	7〃
通海县	8〃		
(4) 楚雄府部			79座

20×20=400（京文）

44

楚雄县 16座 | 定边县 5座

定远县 18〃 | 南安州 13〃

广通县 10〃 | 镇南州 17〃

(5) 澂江府部 69座

河阳县 40座 | 新兴州 13座

江川县 4〃 | 路南州 12〃

(6) 景東府部 11座

(7) 广南府部 2座

(8) 广西府部 35座

广西府 11座 | 弥勒州 12座

師宗州 12〃

(9) 顺寧府部 43座

顺寧府 28座 | 云州 15座

(10) 曲靖府部 108座

南寧县 35座 | 馬龍州 16座

霑益州 28〃 | 尋甸州 17〃

陸凉州 4〃 | 平彝县 2〃

羅平州 6〃

(11) 姚安府部 29座

姚州 17座 | 大姚县 12座

20×20=400（京文）

45.

(12) 鹤庆府部 56座

鹤庆府 28座　剑川州 28座

(13) 武定府部 25座

曲和州 18座　禄劝州 4座

元谋县 3 〃

(14) 丽江府部 6座

(15) 元江府部 18座

(16) 蒙化府部 23座

(17) 永昌府部 56座

保山县 27座　腾越州 19座

永平县 10 〃

(18) 永北府部 1座

(19) 开化府部 6座

(20) 永宁府部 3座

(21) 镇沅府部 缺

(22) 孟定府部 缺

(23) 云南土司部 缺

15. 贵州省部 151座

20×20=400（京文）

46.

(1) 贵阳府部			32座
贵筑县	20座	开州	缺
龍里县	3〃	定番州	1座
贵定县	6〃	广顺州	2〃
修文县	缺		
(2) 思州府部			6座
(3) 思南府部			16座
安化县	10座	印江县	3座
婺川县	3〃		
(4) 镇远府部			10座
镇远县	7座	施秉县	3座
(5) 石阡府部			7座
石阡府	5座	龍泉县	2座
(6) 銅仁府部			2座
(7) 黎平府部			6座
(8) 安顺府部			14座
普定县	7座	清镇县	1座
普安州	1〃	安平县	1座
镇宁州	2〃	安南县	2〃
(9) 都匀府部			11座

20×20=400（京文）

47

都匀县	4座	独山州 1	1座
麻哈州	2〃	清平县	4〃

(10) 平越府部 23座

平越县	11座	余庆县	2座
瓮安县	2〃	黄平州	6〃
湄潭县	2〃		

(11) 威宁府部 24座

威宁府	7座	大定州	3座
平远州	4〃	永宁县	5〃
黔西州	缺	毕節县	5〃

小計：

旁注	省	数	省	数	旁注
	顺天	767	江西	2897	
遼寧	盛京	84	浙江	4435	
	山東	1126	福建	2291	
	山西	610	湖广	2746	鄂1182 湘1564
	河南	657	广东	1522	
陕324 甘244	陕西	568	广西	793	
	四川	769	云南	856	
苏4775 皖2254	江南	7029	贵州	151	

总計： 27301

20×20=400（京文） 48.